一看就懂！馬上就能運用的

精油化學

了解成分與作用，
搭配科學芳療挑選精油和配方，
有效改善各種身心症狀

川口三枝子／著　　蘇珽詡／譯

Essential Oil
Chemistry

精油化學，法系芳療的實證基礎

18 年教授臨床的芳香治療，我必須掌握精油化學在心理及生理的多元效用，因此自己也從 1998 年開始，陸續向化學老師、藥劑學博士、醫學博士學習精油化學，努力去掌握這些專有名詞、意義及功能，當我終於可以將精油化學介紹給學生們時，卻常常讓喜愛精油芳香的人昏頭搭腦，大部分的學生都希望早早的結束這痛苦的學習化學時光。

這是一本要讓無化學基礎的精油玩家或入門者，一讀就能將精油化學放在心上並運用在設計療癒配方，執行精油按摩!這是很成功地挑戰，作者將本書的重點放在因壓力之害引發的各種病症，特別是專注在自律神經、內分泌與免疫失衡的領域，例如手腳冰冷、水腫、偏頭痛、疲勞、過敏、便祕、腹瀉、失眠、經前症候群、經痛、無月經症、更年期症、感冒不適症、濕疹、異位性膚炎、蕁麻疹等。如果按照傳統的芳療經驗去處理偏頭痛的問題，有多種精油的選擇： 羅勒、迷迭香、辣薄荷、薰衣草、甜馬鬱蘭、洋甘菊等。應該依個人喜愛的味道來選擇舒緩偏頭痛的精油，還是信任名人推薦？或看看手中有什麼精油就用什麼？或依價格來決定？作者提供一個新的思路，幫助讀者在化學的基礎上選擇適合自己體質的精油，如果你是交感神經亢進的，那麼酯類的薰衣草、羅馬洋甘菊是正確的選擇；如果你是副交感神經亢進的，那麼苯

甲醚類的熱帶羅勒、酮類的迷迭香、薄荷腦的辣薄荷會是更適合的選擇；如果是內分泌失調的，倍半萜烯類的德國洋甘菊就是主力精油了。

同樣的，你會在書上發現失眠，病因可能是交感神經亢進、副交感亢進或內分泌失衡，自然療法包括中醫認為「同病要異治」，雖然都是失眠，病因不同就應該選擇不同的精油，並非根據傳統經驗，全都推薦薰衣草精油給個案治療失眠。作者將 13 種精油化學家族分為 3 類：滋補性、調整性、與鎮定性效果，各自應用在失衡的自律神經、內分泌與免疫。讀者很容易在分類後的化學家族中，挑選精油，設計配方，成功的舒緩症狀，調理體質。

以蕁麻疹為例，作者說原因有三：1. 過敏（約 5%），2. 物理性的刺激（約 20），3. 原因不明或多元（70% 以上），就我處理蕁麻疹個案的經驗，原因不明的患者常常是慢性蕁麻疹，不易在短時間痊癒，因為個案可能是交感神經亢進、副交感亢進、或腎上腺皮質類固醇不足、或更年期性的荷爾蒙不足及失衡、或腸胃失調或多種原因引發，只能慢慢的推敲病因，在不同精油化學類別上設計處方，先舒緩搔癢及紅腫刺的疹子，再慢慢恢復這些失衡的神經、內分泌、免疫的功能，耗個 1、2 年的時間，也是要有的心理預備。如果不知道自己是哪一類別的亢進或低下，可以在亢進及低下的配方都試試，肯定會有不同的成效。長期深受身心失衡病症所苦的人，推薦先到醫院做自律神經的檢測 HRV（心律變異分析）、荷爾蒙或免疫的檢測，再從適合自己的精油化學類別中挑選精油，對症治療。

精油化學的熟悉度決定了你是否能進行精確的芳香治療。進入化學之門，如果沒有芳療老師從旁循循善誘，新手學生看見化學式子，不是跳過就會大腦先當機了吧。作者先從地球植物 3 億年來的進化歷史，讓我們看見不同類別的精油香氣依序出現在進化後植物的成果，精油香氣促進動植物界的溝通，精油香氣保護植物免受外敵或環境的損傷，精油的香氣成為植物生命能量的儲藏庫，精油香氣的美好終於被人類發現，不僅是怡情養性，更能保健養生治療。

　　作者講述：從 20 億年前能進行光合作用的海藻生物──藍綠藻出現，有助於陸地上的氧氣增加，大約是在 3 億年前地球開始出現了裸子植物，代表的是針葉林的松科和柏科，產生了大量的萜烯類化學分子如蒎烯（Pinene），後來陸續出現闊葉樹的被子植物、草本植物，因此人類可是一直生活在萜烯及其氧化物的自然芳香環境中，透過這樣的認知，幫助我們拉近了植物精油化學的距離，更迫切的想要認識充滿在地表之上、包圍著藍色地球的上空，及人類生活在當中的香「氣」成分。這個觀點一直是全世界最知名的芳療醫師：丹尼爾‧潘威爾在教授精油化學時，熱情談論的「芳香地球」。欣見本書作者更加完整的傳達這樣美好的訊息。

　　市面上闡述精油化學比較完整的作者是 Ruth von Braunschweig 女士，她將芳香分子劃分成 15 類家族，有系統的分門別類，幫助芳療師掌握精油化學的特性及應用於臨床。本書作者與 Ruth 在精油化學家族的分類上有些許不同，例如作者將香水樹（伊蘭）放在倍半萜烯類（完整伊蘭）及單萜酯類探討，而不是我們所熟悉的芳香酯類（特級伊

蘭）；丁香花苞放在酚類而不是我們所熟悉的苯基丙烷衍生物；本書缺少了對香豆素類、芳香醇類、芳香酮、芳香醛、芳香酸的代表性精油們應用在自律神經、內分泌、免疫的探討，遺珠之憾。

　　也許一開始看著這些奇怪的化學專有名詞，無法立刻產生好感，只要心中不排斥，多看幾遍也就能朗朗上口，習慣成自然，慢慢的瞭解這些單一化學成分的特質和個性，終能得心應手的運用精油，期待你在本書中得到啟發，為需要芳香治療的個案設計精確的配方，及時感受香氣的益處，恢復生命的熱情與身心的舒適感。

AAA 澳洲芳療師協會台灣會長　

2021/06/12

改變了我的芳療師生涯的「精油化學」

在東京都內的芳療沙龍開始當起芳療師的我，因為上一個工作是坐辦公桌，所以沒有接待客人的經驗，完全是從零開始。我毫無自信，總之只想快點學到各式各樣的手法，因此跑了許多學校學習技術。

但是，最後讓我覺得效果最好的並不是手法，而是精油。

過去我學習的是英國系的芳療，也都是用英系芳療的思維在配合個案的需求調配各種精油的複方油，不過某一天，沙龍裡多出了法系芳療的複方油。

就算用的是相同的手法，使用了法系芳療調合複方油的結果也有明顯的不同。

在這之前，我都是以英系芳療的概念在挑選真正薰衣草和檸檬草等精油，來治療一位背部和肩膀嚴重痠痛的 OL，但是換成這款法系芳療的複方油之後，她就像脫了一層皮一樣，身上緊繃僵硬的部位都放鬆了。

這款法系芳療的複方油混和了羅勒、杜松莓和樟腦迷迭香等精油。
這當中含有能鎮痛的苯甲醚類、能鬆弛肌肉的樟腦、鎮痛效果極強

的 β-石竹烯和具有去除鬱滯作用的單萜烯類等等。

　　現在回想起來，這些精油全都含有能讓肌肉放鬆的各種成分。

　　當時，我滿腦都是問號與疑問，不懂為什麼會是這個配方。這場衝擊的相遇，加上我切身感受到自己身為芳療師卻沒有足夠能力說明精油療效這件事，所以我決定去學習法系芳療。這時我遇見的就是 NARD 芳療協會。

　　現在，把小規模的小協會也算進去的話，日本有非常多的芳療協會。但是，拓展到全國且活動超過 20 年以上的協會只有幾間而已。

　　當時，說到法系芳療，就只有 NARD 芳療協會在推廣。跟我同一間沙龍的芳療師建議我「這間應該最理想」，因此我就在這裡開始學起了法系芳療。

　　於是，跟「薰衣草的個性是能治癒人」這種以前學到的模糊知識不同，我開始學習「真正薰衣草含有的成分是酯類和單萜醇類，而且這兩種成分佔了 80% 以上」等芳香成分的化學分析。

　　知道精油的成分後，每一種精油的使用方法就會變得立體又好理解。了解成分之後，我就能夠有自信地對個案提出「這個精油當中有能緩和疼痛的成分，所以我推薦給你」之類的建議了。

　　在這之前，其他精油沙龍會在按摩時壓很大力，或是把整骨的部分內容帶進療程，所以我在真正信任精油之前，一直很不安，不知道只靠

簡單的按摩手法到底有沒有效。

　　因為，精油按摩是以觸摸皮膚為基礎，非常簡單的按摩方式。

　　不過，在科學的根據讓我能夠信任精油之後，我就能打從心底相信「只要讓身體吸收到精油，症狀就會改善」。經過這件事後，我緊繃的身心完全放鬆了下來，也能夠安心地進行精油按摩了。

　　精油按摩用的是極度輕柔的撫觸手法。

　　像在處理傷口般溫柔的精油按摩，會比任何技術都更直接地刺激皮膚。手的觸覺和溫度感覺等龐大的情報會進入大腦並產生影響。

　　不安的時候搓手，肚子痛的時候撫摸肚子，藉著這些可說是無意識的本能行為從外側刺激身體的話，就能夠安撫到內心。

　　用手刺激皮膚時會在無意識的情況下使感覺甦醒，並且讓身體和心靈連繫在一起。皮膚對大腦及心靈的影響很大，所以也被稱為「暴露在外的大腦」。

　　用緩慢溫柔的撫觸方式進行按摩時，芳療師與個案的體內都會分泌出愛的荷爾蒙「催產素」。而且，在個案認為芳療師是能夠信任的人之後，他體內的催產素分泌量會變得更多。

　　突然被不認識的男性觸摸的話，不但不會放鬆，反而還會感覺到壓力對吧。不過相反地，被能信任的人（能信任的芳療師）觸摸之後催產素分泌量會增加，這其實並非多麼不可思議的事。

我開始能夠準確地使用精油，並且透過簡單的精油按摩，讓治療發揮出更好的效果。同時**在按摩過程中個案體內會分泌催產素，自律神經也會受到調節，所以個案會更加信任芳療師，更有滿足感。**

在更換精油後，我執行的芳香治療和精油按摩都漸漸進入了良性的循環。

幾年前，針對失智症的芳香療法曾經引起廣泛討論。最近引起關注的則是「**醫學芳療**」，越來越多人不只想要享受香氣，也想用精油來改善身體的不適。

但是，學生們常會來找我討論這些問題：

「我因為生理痛所以用了能調整女性荷爾蒙的天竺葵精油，但好像沒什麼效果。」

「我本來想用歐薄荷精油來改善頭痛，但用了之後頭反而更痛了。」

很多書上都寫說天竺葵精油能調整女性荷爾蒙、歐薄荷精油能改善頭痛，但實際用過之後卻感受不到效果。

為什麼會發生這種事呢？

那是因為，同一種症狀會有好幾種不同的原因。不配合原因去選擇精油的話，就很難有效果。因此，在使用精油前，最重要的事情就是先**找到造成不適的原因並針對原因來選擇精油。**

我認為自己的健康不能交給別人來維持，必須要用自己的力量來管理。雖然有時候也需要吃藥或去醫院，但我建議各位把藥物和醫生想成只是在幫助自己管理健康的助手比較好。

　　最了解自己身體的人就是自己，並且對自己的身體有責任。

　　這裡我希望大家明白的是，如果我們想要變得健康，就一定需要「自然治癒力」這個讓身體自行恢復元氣的力量。

　　接著，**調整好自律神經、內分泌系統和免疫系統三者的平衡後，就能提升自然治癒力**。這三個系統會互相影響，所以只要有一個系統的平衡出問題，另外兩個就會受到影響，陷入失調的狀態中。

　　所以，為了健康，我們需要將被打亂的平衡調整回來。我們可以從飲食和運動開始改善，有很多解決方案是自己就能做到的。

　　還有，把「芳療」融入生活中也是其中一個方法。認真研讀對身體有益的成分並且在日常生活中使用精油的話，精油溫和的作用想必能讓身體平時的狀態變得越來越良好。

目錄

第3章　改善自律神經失調的精油與配方

第 4 章　改善內分泌、免疫系統失調的精油與配方

後記　給予心靈和身體自然的力量……235

第 1 章

為什麼「芳療」能夠改善自律神經的失調呢？

植物偉大的力量

為什麼芳療對我們的身體有益呢？

這跟地球的漫長歷史有關。此外，在漫長的進化過程中，生物又是如何適應環境的呢？這當中隱藏著「植物力量的秘密」。

基本上，像我們人類這樣的動物，本身就無法自己製造營養。我們必須犧牲植物和其他動物的生命才能活下去。這些所謂的食物，其實也全部都依靠著植物生存。想像一下食物鏈金字塔就會發現，成為生存能量的食物，根源全部都是由植物組成的（見下頁）。

我們來回溯一下地球的歷史吧。

地球在 46 億年前誕生，生命誕生則是在更晚一點的 36 億年前，而且是在海裡。普遍認為光合作用植物的祖先，是在 6 億年前誕生於陸地上最初的植物。

開花植物和哺乳類誕生的時間點是在距今 1 億 4000 年前，最初的人類則是在很近的 2000 萬年前。而其中智人（Homo sapiens，意為「現代的、有智慧的人類」）登場的時刻推測約為 20 萬年前左右。

陸生植物在 6 億年前誕生，海裡的藻類更是在 30 億年前就誕生了。而人類（智人）20 萬年前誕生，計算一下就知道植物是比人類還

要資深許多的大前輩。

　　回顧地球歷史，就會發現整個地球環境都是植物在負責維護。

　　原本地球上只有無機物，並沒有生命存在。所謂的無機物，就是鐵或銅這種沒有生命的物質。有機物則是具有生命的物質組成的物體。有人認為生命體是在海水中偶然被製造出來的（也有人不這麼認為）。植物不只是作為維持生命的能量被吃掉的食物，尤其我們人類還會住在木材建造的屋子裡，並且用棉或麻的材料製造衣服，所以人類其實生活中食衣住行全部都依靠著植物。

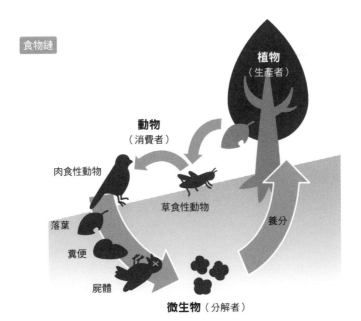

食物鏈

植物（生產者）

動物（消費者）

肉食性動物

草食性動物

落葉

糞便

屍體

養分

微生物（分解者）

或許你會想，人類使用的原料並不是只有植物啊，例如現在，我們的基本生活就是靠石油在維持的。

　　但是，其實在沒有臭氧層，大氣內充滿高溫二氧化碳的時代，堆積在土壤中的植物等生物經過高溫高壓被液化後的產物就是石油，此一理論相當具有說服力（煤炭是好幾億年前以植物為主，會行光合作用的生物的化石）。

　　石油是植物利用光合作用將太陽能量改變型態後儲存了幾億年這麼久的產物。我們人類每天都在以驚人速度消費大量的石油和煤炭。但是，就算到了現代，植物仍然在利用光合作用替我們吸收掉二氧化碳。

　　就是植物的這種作用，將地球維持在生物能續存的狀態。

　　「精油的香氣」與生物從海裡登上陸地有關。

　　香氣的主要成分之一「**萜烯類成分（terpene）**」長年以來都被陸地上的生物用來當作傳遞情報的手段。生物是在海裡誕生的，但生長在海裡的植物是利用「水溶性有機物」在傳遞情報。

　　登上陸地後的植物則是利用氣味來作為在空氣中傳遞情報的手段。

　　花費數億年與昆蟲共同進化後，植物製造出了許多萜烯類的衍生物，傳遞情報的方式也變得更多元了。單萜醇類、氧化物類和酯類等等都算是萜烯類的衍生物。

◦ 使用精油的好處 ◦

　　人類從以前就跟植物的香氣生活在一起。古人會使用各種「精油」來改善身體的不適。與此相比，從醫院領取藥物的習慣至今也只過了半世紀而已。

　　現代藥物大部分都是針對某項目而被人工合成出來的化合物。自然界並不存在這些東西，所以身體很難代謝掉，藥物會長時間留在體內。這些藥物被調配出來都是為了消除特定症狀，所以成分都具有明顯特徵，會針對一個目標發揮出強烈的效果。

　　另一方面，精油的成分都是天然的東西，所以跟體內組織的親和性較高，容易被代謝分解掉，停留在血液中的時間很短，效果也無法長時間持續。

　　而且精油還含有許多不同的芳香成分。雖然這些芳香成分各自的作用都沒那麼強，但因為比藥物的成分還多元，所以能夠在全身上下發揮作用。因此，**精油不但能提高整體基本的自然治癒力，還能夠透過嗅覺直接影響自律神經系統和內分泌系統的司令塔「下視丘」。**

　　最後，身體狀態將會恢復平衡，身心的壓力也會減輕。代謝受到促進而增快，加速老舊廢物的排泄和細胞再生速度，使自然治癒力增強。**能夠針對諸多症狀，以各種方式發揮效果，就是使用精油的好處。**

　　當然現代醫療也很重要。現代醫療能夠幫助治療疾病，對現代人來說是必要的。但是，持續服用藥物的時間越長，藥物殘留在體內的時間就越久，產生副作用的風險也越高。

從長遠的角度來看，容易融入日常生活中的精油將會是自我照護的強力輔助工具。芳療的優點在於，精油是從活著的植物萃取到的有機物集合體，而且含有各式各樣的成分。我們的身體也是有機物，也是由各式各樣的分子構成的。

再重複一次，因為精油含有各式各樣的成分，所以能有效改善體內的平衡，也能順利調節自律神經、內分泌和免疫系統的平衡，而單一成分的藥物並無法發揮多種成分帶來的平衡效果。

精油還有另一種藥物沒有的強大力量。那就是「**芳香效果**」。

自然的香氣是生命能量的儲藏庫。香氣如同「沉默的語言」這個稱呼一樣，會在心裡留下強烈印象並長期留在記憶中，有著神秘的力量。

芳香療法除了身體之外，也非常重視達到內心與靈魂層面的健康，這正是因為能夠借助香氣的力量。

我們的身體有著「面對外界環境的變化，仍然能保持體內環境恆定的性質」，這稱為「**體內平衡（homeostasis）**」（見下圖）。如果體內平衡沒有正常維持住，體溫和血壓將會失常，使人無法繼續存活。因此，自律神經 24 小時、365 天都在全速運轉，不會受我們的意識影響。

香氣的情報會透過嗅覺神經直接傳到大腦邊緣系統，在大腦邊緣系統進入杏仁核，再經由掌控體內平衡的下視丘傳到神經系統、免疫系統和內分泌系統（見下圖）。**大腦邊緣系統**這個部位與維持生命有著密切關聯。其實說起來，香氣就是在對「自然治癒力的泉源」產生作用。

體內平衡

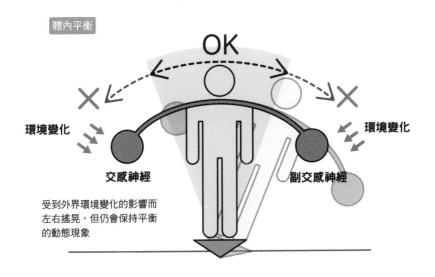

受到外界環境變化的影響而
左右搖晃，但仍會保持平衡
的動態現象

香氣情報傳遞的途徑

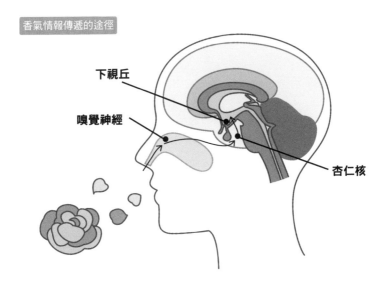

芳療上所使用的精油原料的植物，在合成藥物出現之前，就已經有很多種被拿來當作藥物使用了。

　　藉著精油按摩讓皮膚吸收精油後，芳香成分會透過血管對全身產生作用。精油因為有著各式各樣的成分，所以能夠調節自律神經、內分泌和免疫系統的平衡。

　　人類的身體和心靈是連結在一起的，只要身體健康，心靈就會健康。心靈與身體的連結也可以說是「心靈與自律神經的連結」。

　　接下來，我們開始來討論自律神經具體的作用吧。

自律神經的運作機制

　　自律神經系統指的是會自動調節內臟和血管等處運作的神經。

　　自律神經分布在眼球、唾腺、心臟、胃、腸道和肝臟等全身的器官上，影響著各種生命活動。自律神經最大的特徵就是會自動運作，不受人體的意識控制。

　　自律神經分成**交感神經**和**副交感神經**。這兩種自律神經會將我們的身體調整到能夠適應當下環境的狀態。

　　交感神經會讓身體有精神，副交感神經則是會讓身體放鬆。配合當下狀況，有時候是交感神經處於優勢，有時候是副交感神經處於優勢，這兩種神經就像在坐蹺蹺板一樣，一邊取得平衡一邊運作。

　　這兩種神經並沒有哪邊比較好，兩邊都能隨時開啟和關閉，並且配合狀況保持平衡，良好地切換才是最理想的狀態。舉例來說，白天想專心工作時必須進入興奮模式（交感神經模式），晚上想熟睡消除疲勞時則要切換到鎮靜模式（副交感神經模式）。

　　但是，精神上的壓力、不規則的作息、飲酒、抽菸或其他身體負擔過大時，自律神經就會短路。因為自律神經很容易受到壓力的影響。

　　現代的生活方式，「精神壓力」就不用說了，使用電腦和手機、加班到深夜、缺乏運動及睡眠不足等「身體壓力」，甚至連各季節的天候

變化和異常氣候造成的氣壓差異和溫差等「環境帶來的壓力」都會伴隨而來。

　　忙碌的上班族更要特別注意。工作時身心常會自然地進入緊張狀態，再加上使用電腦加班到深夜，回家後躺在床上也在滑手機或想著工作的事情……這些都會讓交感神經佔優勢的時間變得非常地長。

　　這樣一來，自律神經的平衡就會被打亂，交感神經與副交感神經的開關無法順利切換，導致各式各樣的問題開始出現。

　　雖然我們都說人類自從懂得運用火來照亮黑暗之後，便創造了文明，有了飛躍般的進化，不過這也才大約 50 萬年前的事。17 世紀後葉英國工業革命開始使用化石燃料之一的煤炭後，電力普及至今只過了 250 年。都市變成不夜城、24 小時都能在便利商店買到東西的生活模式開始至今都還沒 50 年呢。

　　人類有六百萬年的期間，都是白天跟著太陽一起活動，晚上隨著黑暗停止活動並休息。自律神經的運作用眼睛看不到，也無法像手臂肌肉一樣用自己的意識控制。雖然難以自覺又無法駕馭，不過身體機能有自古以來的動物生存機制來幫忙運行。

　　如果人類是從猴子進化而來的，也經過了六百萬年的時間。

　　讓我們透過了解自律神經的運作機制，來學習解決各種不適症狀的策略吧！

◦ 自律神經的失調 ◦

　　前面已經說過，自律神經分成交感神經和副交感神經。自律神經的失調又分成某一邊的神經暫時處於優勢的兩種失調，以及兩邊神經平衡被打亂所引起的失調這三種類型。

【自律神經失調的三種類型】

- ‧副交感神經亢進
- ‧交感神經亢進
- ‧自律神經失調（無法取得平衡）

＊尤其是交感神經長期持續亢進的話，會因為自律神經平衡被打亂而變成自律神經失調的狀態。

　　那麼，交感神經和副交感神經在運作時，身體各自是怎樣的狀態呢？

　　我們就以獅子為例，來看看自律神經的運作方式吧。

　■　獅子很活潑的時候＝交感神經系統處於優勢的時候
像獅子這樣的肉食性動物會在肚子餓要狩獵的時候進入活動模式。

　　獅子在狩獵的時候，為了尋找食物會仔細觀察或嗅聞四周，讓五感全速運轉。

- ‧瞳孔放大（為了獲得四周最大限度的情報）

然後，為了能立刻動起來，身體會逐漸進入準備活動的狀態。

‧血壓上升、血糖上升（讓身體一發現獵物就能立刻動起來）

為了全速奔跑狩獵，呼吸和心跳次數也會變多。

‧心跳次數上升

‧支氣管擴張，讓奔跑時需要的大量氧氣能夠進入肺臟

獅子必須要專注在狩獵上，所以這個時候多餘的功能會被關閉。因為要靠大量血液來讓大肌肉活動，所以血液不會被運送到手腳末端。要讓身體進入隨時能動起來的狀態。

‧末梢血管收縮

另外，原本就是因為肚子餓才會外出狩獵，所以這時候胃裡是空的，消化器官功能也是關閉的狀態。

‧消化道活動減緩

‧消化液分泌量減少

為了達到「狩獵」的目的，必須最大限度活用需要的機能，因此這之外的身體機能的活動會被壓抑到最低限度。

那麼相反地，副交感神經活躍時的獅子身體又是怎樣的狀態呢？

■ 獅子在休息的時候＝副交感神經處於優勢的時候

獅子進入休息模式的時候：狩獵後就是吃飯時間和睡午覺的時間。

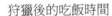

狩獵後的吃飯時間

・消化道活動變活躍

・消化液分泌量增加

因為這是讓身體休息的時間，所以會轉變為跟剛才完全相反的狀態。這時獅子會平靜地深呼吸，藉著緩慢的呼吸讓身體攝取到充分的氧氣。

・心跳次數減少

・支氣管收縮

因為已經沒必要讓心臟和身體激烈運動，所以血液會被運送到身體的每一個角落。

・末梢血管擴張

這些運作若整理成表格，就會如下頁圖所示。

自律神經失調也會影響到內分泌系統。因為控制荷爾蒙分泌的司令塔跟控制自律神經一樣都是下視丘。也就是說，兩者的頂頭上司是同一個。

因此，只要自律神經的平衡被打亂，荷爾蒙分泌也會被打亂；荷爾蒙失調的話，自律神經的平衡也會出問題，這兩種系統會彼此互相影響。

甚至，連免疫系統都會受到影響。

	交感神經處於優勢時	副交感神經處於優勢時
瞳孔	擴大	收縮
心跳次數	增加	減少
氣管	擴張	收縮
血糖值	上升	降低
血壓	上升	降低
消化道活動	減少	增加
消化液分泌	減少	增加
末梢血管	收縮	擴張

　　龐大壓力造成的交感神經亢進如果長期持續的話，會讓免疫力降低。免疫系統的平衡一旦垮掉，體內平衡也會跟著崩毀（健康狀態出現破綻）。

撫觸的效果

　　自律神經能夠連結身體和心靈，而觸摸這個行為更是取回心靈與「身體感覺」連結的重要手段。撫觸具有提高自然治癒力的作用。

　　使用精油的油壓按摩手法統稱「精油按摩」。緩慢溫柔撫觸的精油按摩，會讓愛的荷爾蒙催產素作用於血管內皮上，使 NO（一氧化氮）增加，藉此擴張血管、降低血壓。身體變得鬆弛、放鬆下來且升溫後，

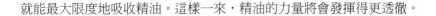

就能最大限度地吸收精油。這樣一來，精油的力量將會發揮得更透徹。

從這些角度來思考，就會明白我們不需要用力地按壓到肌肉，精油按摩原本的目的是要舒緩放鬆身心，好讓精油滲透進體內，所以只要溫柔緩慢地撫觸就行了。在做精油按摩時，最重要的一點就是要**「相信精油本身的力量」**，並且盡量讓精油的效果能夠發揮出來。

「按這麼小力沒關係嗎？」「只靠精油沒問題嗎？」這些不安都會透過雙手傳給個案知道。所以請把這些想法全部拋掉。試想一下，如果被不安的芳療師觸摸，你覺得你能夠放鬆下來嗎？

了解精油的效果甚至成分之後，就能夠實際感受到效果並相信精油的力量。只要徹底理解溫柔撫觸是具有效果的行為，就能放心執行溫柔撫觸的精油按摩了。

被稱為西方醫學之父的希波克拉底曾說過：「輕柔的觸摸會讓身體放鬆，用力的觸摸會讓身體僵硬。」

溫柔緩慢的撫觸會促進愛的荷爾蒙「催產素」的分泌，並且讓帶來幸福的神經傳導物質「血清素」增加。大腦與身體放鬆下來，回到原本正確的姿態，大腦的興奮受到抑制，晚上能順利入睡之後，人體的自然治癒力就會升高。

∘ 皮腦同源 ∘

　　為了讓催產素分泌，需要有刺激大腦的溫柔撫觸。「皮腦同源」這個名詞源自於**大腦與皮膚緊密地連結在一起**的現象。此現象跟生命誕生後，細胞逐漸分裂變大的過程有關。

　　卵子和精子結合後形成受精卵，細胞分裂進入第三週後，會出現被稱為「胚層」的構造。胚層分成外胚層、內胚層和中胚層三個胚層（下圖）。

細胞的分化

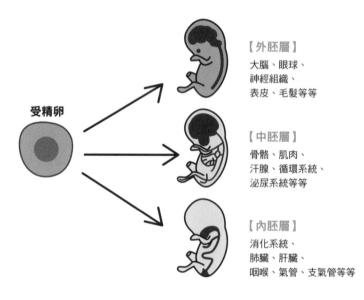

受精卵

【外胚層】
大腦、眼球、
神經組織、
表皮、毛髮等等

【中胚層】
骨骼、肌肉、
汗腺、循環系統、
泌尿系統等等

【內胚層】
消化系統、
肺臟、肝臟、
咽喉、氣管、支氣管等等

人類的皮膚是從最外層的外胚層形成的。大腦的來源也是一樣,因此普遍認為皮膚被觸摸時,大腦也會受到影響。

另外,人類的皮膚表面有著能接收血清素、多巴胺和腎上腺素等神經傳導物質的受體,能夠偵測到各種感覺。皮膚表面非常擅長接收看不見的情報,也有著負責擔任感情天線的一面。

要說為什麼的話,是因為自己與外界的分界就是皮膚。我們經常受到各種事物影響而往外側的意識,藉由撫觸行為,會有將自身的感覺轉化向內側的作用。隨著意識的增強,意識的方向性產生變化,會更容易引導減輕緊張感和壓力。

因此,精油按摩非常適合用來照護現代人疲憊的身心。被芳療師溫柔地撫觸之後,催產素會作用於血管內皮上讓 NO(一氧化氮)增加,使血管擴張、血壓下降。

不過,**撫觸的速度非常重要**,因為這關係到被碰的人會不會感到舒服。

皮膚的天線「觸覺」會經由兩種神經纖維來傳達。通常,摸到物品後光滑或粗糙等「辨識物理性質的觸覺情報」是經由較粗的神經纖維(Aδ 纖維,A-Delta Fiber)傳到大腦。被撫觸速度越快神經就越興奮,並且會把當下的速度傳達給大腦。在大腦新皮質的體感覺區,這個物理性的特徵會被詳細地分析(下一頁)。

【軀體感覺區】

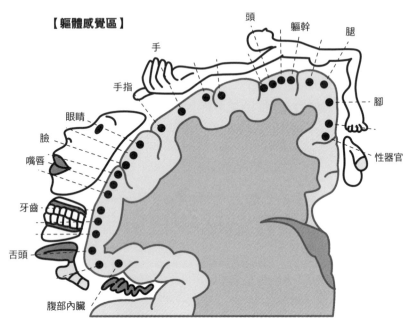

頭
軀幹
腿
手
手指
眼睛
臉
嘴唇
牙齒
舌頭
腹部內臟
腳
性器官

大腦接收身體各部位感覺的區域是分開的。對應接收感覺的大腦面積，以部位大小呈現出來的就是左邊的「體感小人」模型。

34

相對地，較細的神經纖維（C 纖維，C-Fiber）只有在身體被一秒5～10 公分的慢速度**撫觸**時才會運作，更快或更慢的速度都不會啟動這種神經纖維。因此精油按摩能夠刺激到這種較細的神經纖維。

緩慢的速度會傳到大腦，接著到達大腦邊緣系統內控制本能的古老大腦**杏仁核**、控制自律神經和內分泌的司令塔**下視丘**、與自我意識關係密切的**腦島皮質**（insular cortex），以及負責下決策和感覺統合功能的**眼窩額葉皮質**等廣大範圍的區域。

這就是緩慢**撫觸**帶來治癒身心效果的機制。手法緩慢溫柔的精油按摩雖然觸摸的是身體，不過最終將會觸碰並且安撫到心靈。

其實慢性疼痛的時候也是這條較細的神經纖維（C 纖維）在運作。慢性疼痛會傳到產生情感的大腦邊緣系統，所以疼痛經常會伴隨著不安與不快的感情。不過，因為這種慢性的疼痛是由傳遞速度較慢的 C 神經纖維來傳達。使用溫柔的**撫觸**能讓速度較快的 Aδ 纖維的情報先到達，阻擋疼痛的訊號。

此外，還能將有鎮靜和鎮痛作用的香氣成份送達。溫柔的**撫觸**會釋放出催產素，能讓因壓力而興奮的大腦（杏仁核）鎮靜（GABA*），而且還能分泌出被認為比嗎啡的鎮痛作用高出 6 倍的腦內啡，有緩和疼痛的作用。[1]

緩慢溫柔的精油按摩雖然觸摸的是身體，不過最後會達到心靈的放鬆，並且給予個案彷彿被人珍惜著的「幸福洋溢的感覺」。

---

*　GABA 為大腦中的神經傳導物質之一，有鎮靜的效果。

被信任的對象觸摸的話，催產素會大量地分泌出來。

被信任的芳療師，用含有能信任的成分的精油做按摩，客戶體內的催產素分泌量會升得更高，按摩的效果也會更好！

神經纖維	直徑、種類	傳導速度	傳遞的情報
Aδ 纖維	粗（1.5~3μm） 有髓鞘	快	往大腦： 溫覺、冷覺（特別以冷覺為主）
C 纖維	細（0.2~1μm） 無髓鞘	慢	往大腦： 溫度覺（特別以溫覺為主）、二次痛（多樣性傷害感受體傳來較延遲的慢性疼痛）

最新的自律神經理論
「多層迷走神經理論（Polyvagal theory）」

　　從神經進化的觀點來看，心（精神層面）的運作會受到神經很大的影響。

　　多層迷走神經理論則是從別種觀點來看待自律神經的運作。這個理論是美國伊利諾大學（University of Illinois）的波吉斯博士（Stephen Porges, PhD）在 1994 年提出的。

　　自律神經的運作，與其說是為了調節自己的身體，反而更像是為了適應跟其他個體之間的關係而進化出來的能力，例如保護自己遠離敵人和建立社會連結，這就是多層迷走神經理論。

　　在進化過程中，被認為是副交感神經的兩種迷走神經和交感神經這三種階段的神經逐一誕生。

　　迷走神經從腦幹出發，主要在胸部與支配腹部內臟的副交感神經融合。

　　迷走神經有兩條分支。①背側迷走神經叢控制橫膈膜以下的部分，主要支配消化器官並且讓消化器官活動。②腹側迷走神經叢控制橫膈膜以上的部分，主要支配心臟和呼吸系統。

　　一般的解釋都說副交感神經的作用是「放鬆與休息」。但是，將副交感神經分成兩種的理論認為兩邊各自有不同的作用。

我們用波吉斯博士在論文中提到的飛機失事訪談當作例子來思考看看。

● 遭遇飛機失事的乘客的反應有三種模式。

①因為衝擊而昏倒，或是腦中一片空白，進入凍結狀態。

②興奮（發出慘叫、激動吵鬧、對別人發洩怒氣）。

③冷靜應對（協助工作人員，一起安撫周圍的人）。

這三種反應正好符合多層迷走神經理論。①**背側迷走神經叢**（副交感神經）是進化過程中最古老的神經系統，主要支配橫膈膜下方的消化道。原始生物體內也存在著消化器官，這些生物都處在副交感神經佔優勢的狀態。

這會引起受到外敵襲擊時裝死的行為。生物用裝死不動來度過眼前危機的戰略並不是稀奇的現象。另外，不少生物都認為「會動的東西＝食物」，所以在群體中裝死的話，其他動來動去的個體就會被盯上，不過，因為這些生物採取的生存策略是靜止不動躲藏起來等待危機消失，所以稱不上是具有社會性的生物。

陷入無法鬥爭的危險狀況時，動物的心臟、呼吸和肌肉等所有的身體機能會降低，使身體進入凍結狀態。人類也會像被蛇盯上的青蛙一樣無法動彈，或是因為過大的衝擊而雙腿僵硬，一步都動不了（凍結）。精神上則是感情會變得麻痺、腦中變得一片空白，或什麼都無法思考等等，進入到身體活動減退的狀態，失去活動性。這個狀態如果長期持續的話，會逐漸變得憂鬱無力，副交感神經佔優勢的疲勞感也會越來越嚴

重。也就是說，稍微動一下就累、提不起幹勁、經常在意小事、容易心情不好和早上很難起床等問題發生的頻率會越來越高。

第二古老的是②**交感神經系統**。碰到危機如果不自覺地興奮或發怒，那就是交感神經在運作。這個現象也被稱為「戰鬥或逃跑」反應（Fight-or-flight response），這時心跳和呼吸次數增加，肌肉也會變硬。這種作用是要讓人反過來攻擊對手或全力逃跑。

這個情況下身體處在戰鬥狀態，如果長期持續的話會讓人感到疲累。整個人會內心充滿不安、身體隨時都很累、煩躁焦慮、因為興奮而晚上睡不著、高血壓和高血糖等等的狀態，並且感受到交感神經佔優勢所造成的疲勞。

最年輕的③**腹側迷走神經叢**是隨著生存在群體社會中的哺乳類一起登場的。這條神經的作用是讓人跟同伴一起合作度過危機。目的是要帶著「跟同伴一起」的社會性度過危機。

腹側迷走神經叢跟心臟和呼吸系統有關，是為了與人交流而發展出來的器官。

人無法憑著自身意志選擇要做出哪一種反應，這三種反應當中的某一個會自動做出應對。①②的反應會出現在無法取得平衡、狀態極端的時候，③的反應則是會在狀態平衡的時候出現。

神經系統	起源	處理危機的方法	可調節平衡的精油（成分）
① 背側迷走神經叢（副交感神經）無髓鞘神經 ＊主要支配橫膈膜下方的消化器官	最古老的脊椎動物一誕生就已具備	凍結	・黑雲杉 （單萜烯類/針葉樹） ・橘子 （單萜烯類/柑橘） ・中國肉桂（桂皮） （芳香醛類） ・丁香（酚類）
② 交感神經	隨著魚類誕生一起出現	行動 （戰鬥/逃跑）	・羅馬洋甘菊 （酯類） ・真正薰衣草 （酯類、單萜醇類）
③ 腹側迷走神經叢（副交感神經）有髓鞘神經 ＊主要支配橫膈膜上方的心臟和呼吸器官等（與他人交流時會使用的部位）	隨著哺乳類誕生一起出現	與社會連結鎮靜	・桉油樟 （氧化物類、單萜醇類） ・花梨木（單萜醇類） ・月桂（氧化物類、其他）

　　舉例來說，幼犬在互相打鬧玩耍的時候，雖然會啃咬對方或抓來抓去，但是不會造成嚴重的傷口。因為牠們一邊處於適度的鬥爭狀態（交感神經）一邊觀察對方，一邊注意著對方的狀況一邊玩（③的狀態）。

　　溫柔撫摸摩擦的觸摸方式會讓催產素分泌，抑制過度緊繃的狀態，引導身體進入第三階段的神經狀態（不想被別人觸碰的話，也可以自己撫摸）。

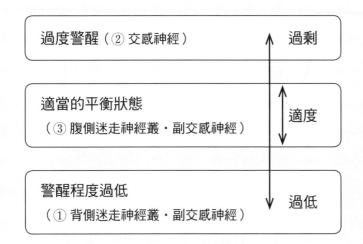

過度警醒（② 交感神經）　過剩

適當的平衡狀態
（③ 腹側迷走神經叢·副交感神經）　適度

警醒程度過低
（① 背側迷走神經叢·副交感神經）　過低

　　如果催產素在日常生活中會規律地分泌出來，就容易維持③的狀態，比較不會進入像①或②這麼極端的狀態。

　　舉例來說，每天對有問題行為的發展障礙兒童們進行輕撫之後，他們的問題行為就大幅地減少了。

　　讓人按摩或被溫柔觸摸會讓人感覺到自己被珍惜，而且在過程中會覺得自己彷彿從頭到腳受到了認可和支持。平常無意識地繃緊肩膀拼命努力的人，在接受精油按摩後，僵硬的身心就能獲得撫慰。

　　催產素在背側迷走神經上有許多受體，能夠將身體從凍結狀態中解放出來。並且將①副交感神經（背側迷走神經叢）和②交感神經都引導至良好的狀態。①、②的基礎穩固的話，③副交感神經（腹側迷走神經叢）就能順利運作。

雖然芳療的溫柔撫摸是觸摸身體的行為，不過最終將會觸碰並且安撫到心靈。不管是壓力、疾病還是其他問題，觸摸這個行為都會全然接受一個正在煩惱痛苦的生命。這對於因為不安和壓力而身心俱疲的人來說，是非常珍貴的體驗。

　　而且，我認為體驗過被人的雙手治癒的感覺後，一個人將會察覺到自己在社會上的位置，接著就會在為他人付出的時候感受到喜悅。或許人類就是藉著被別人需要和珍惜，才能找到生存的價值吧。

　　現在我經常會和芳療學校的學生組成小團隊去安寧病房當志工。在成員的交流會議上，我請大家在自我介紹時順便說一下他們得到了什麼報酬（因為是志工所以沒有錢拿）：

　　・藉著與患者互相碰觸得到了滿足感。
　　・發現自己也能為別人做點事情而感受到了喜悅。
　　・覺得這個活動就是自己的歸屬。

　　會感覺到「活動本身就是報酬」，代表這個人是以自己的真實樣貌活在社會中。治癒行為是使人變健康的基礎，也可以說是創造群體社會的根基。

第 2 章

精油成分的作用

植物含有的成分分類

精油中含有許多的成分。

連只佔 0.01％的成分都算進來的話，一種精油內就包含了數百種的成分。不過，雖然有各種值得期待的效果，但目前還很難將精油內所含的數百種成分全部都考慮進去。

無法移動的植物為了生存下去，會改變自身的型態，並製造出各式各樣的成分。

從植物的生存環境和生存策略去思考芳香成分的作用，就能快速明白植物為什麼會製造出這樣的芳香成分。

植物為了適應環境而製造的芳香成分，正好能對應到我們生活的外界環境跟體內自律神經的運作（體內平衡）。而且香氣會透過嗅覺直接作用於控制自律神經系統和內分泌系統的下視丘，所以能夠影響整個身體，並藉著提高基本的自然治癒力來改善各種不適。

按照自律神經的運作，可以將芳香成分的作用分成三大類，再依照目的去攝取芳香成分，就能慢慢調整自律神經的平衡。

1 滋補作用顯著的族群

- 酚類（Phenols）
- 芳香醛類（Aromatic aldehydes）
- 單萜烯類（Monoterpenes）（針葉樹）
- 單萜烯類（Monoterpenes）（柑橘）
- 倍半萜烯類（Sesquiterpenes）（＋）
- 倍半萜醇類（Sesquiterpenols）
- 雙萜醇類（Diterpenols）

2 調整作用顯著的族群

- 單萜醇類（Monoterpenols）
- 氧化物類（Oxides）
- 酮類（Ketones）
- 苯甲醚類（Phenyl methyl ethers）
- 倍半萜烯類（Sesquiterpenes）（－）

3 鎮靜作用顯著的族群

- 萜烯醛類（Terpene aldehydes）（使身體冷靜的效果特別好）
- 酯類（Esters）（使頭腦冷靜的效果特別好）

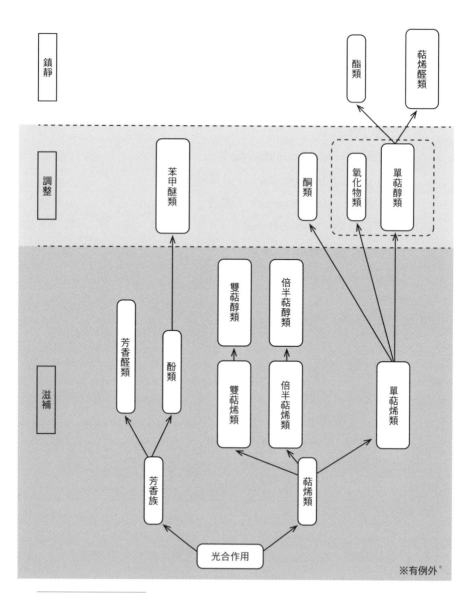

鎮靜

調整

滋補

酯類

萜烯醛類

苯甲醚類

酮類

氧化物類

單萜醇類

雙萜醇類

倍半萜醇類

芳香醛類

酚類

雙萜烯類

倍半萜烯類

單萜烯類

芳香族

萜烯類

光合作用

※有例外*

---

* 此為生物合成途徑簡圖，分別是莽草酸途徑以及甲羥戊酸途徑。芳香族的途徑是透過莽草酸途徑，而萜烯類是透過甲羥戊酸途徑。然而也有例外，例如百里酚雖然是芳香族，但其生合途徑是透過甲羥戊酸。

專欄 | 植物的進化與植物成分

植物是地表上唯一能夠透過光合作用自行製造生存養分的存在。植物會利用這些靠著光合作用製造出來的養分（也就是澱粉）來製造自己身體和成長時需要的能量。

在植物這個族群當中，目前進化最多的是被子植物。第一章也有稍微提到，住在海裡的生物演變成能在陸地上居住，是因為陸地上有植物釋放出來的氧氣。

我們按照順序來看植物進化的過程吧。

①約 20 億年前（前寒武紀），海裡出現類似海藻的藻類。

出現名為「藍綠藻」的生物能夠進行光合作用的緣故，因此陸地上的氧氣開始增加。

當時陸地上的氧氣只有現在的百分之一，不過海中的藻類透過光合作用增加了陸地上的氧氣。

②將生存環境從水中轉移到陸地上的就是苔蘚類。

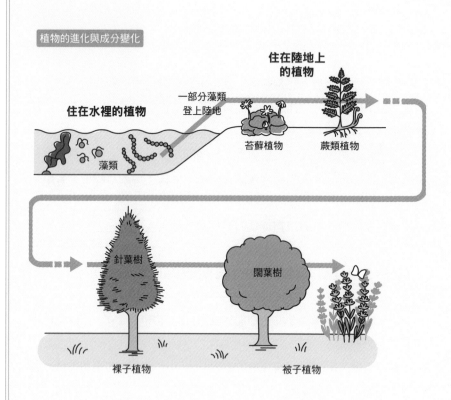

植物的進化與成分變化

住在陸地上
的植物

一部分藻類
登上陸地

住在水裡的植物

藻類

苔蘚植物　　蕨類植物

針葉樹

闊葉樹

裸子植物　　　　　　被子植物

　　直到陸地上出現臭氧層後，生物就能在陸地上生存了。但是，在初期的階段陸地上只有苔蘚類，而且還只能生存在水邊潮濕的區域。這時候誕生的芳香成分就是**芳香族**。

　　屬於芳香族的**酚類精油**和**芳香醛類精油**都有著易溶於水的性質。

48

③在古生代石炭紀，蕨類植物出現了。

苔蘚稍微離開水邊，進化到在乾燥的地方也能存活的狀態。因此，他們在寬闊的地區大量繁殖，變得像樹木一樣高大。這個時代的蕨類化石就是現代的燃料煤炭。

④會產生種子的種子植物誕生。

在①～③時都是靠著孢子繁殖。孢子只能生存在有水分的地方。不過，④的植物藉著生產種子，讓自己變得就算在缺乏水分的地方也能存活下去。

為了製造種子，於是出現了「花」這個生殖器官。種子含有豐富的營養，可以說是植物為了在更遙遠的地方也能生長，而進化出更容易繁殖的構造。

有種子的植物分成裸子植物和被子植物。這些植物中含有許多的**萜烯類化合物**。

裸子植物的代表有杉樹、松樹和柏樹等等，都是針葉樹。針葉樹比較古老，構造也比較單純。

被子植物的樹木代表是闊葉樹。構造比針葉樹複雜。

像這樣進化而來的植物會在什麼場合使用香氣呢？我們來一個一個看下去吧。

滋補作用顯著的族群

所謂的芳香成分，就是植物用來溝通的工具。對植物而言，最古老的香氣就是「芳香族」。

【酚類 Phenols】

我們人類跟植物一樣，早期的人類比現代人的生命力還要強。就算沒有像現代一樣堅固的衣服和水泥做的房屋，還是有能力活下去。

在食物方面也是，因為現代人會用火，所以能將較硬的根莖類蔬菜變得容易食用。肉類也能煮到全熟，所以會造成食物中毒的微生物和寄生蟲都大幅減少，讓我們能夠更輕鬆地攝取到豐富的營養。遠古時代的植物和人類想要生存下去都是很艱難的一件事情。

當時植物的溝通工具「芳香族」的芳香成分當中飽含著強大的力量，能夠增強我們體內的生命力，但同時也含有粗暴的性質，屬於芳香族的**芳香醛類**和**酚類**是對皮膚的刺激性最強的成分。

①主要作用

強效抗感染（抗菌、抗病毒、抗真菌）、刺激免疫、滋補、抗寄生蟲、溫熱

②具代表性的精油（**粗體字的精油會在第 6 章詳細介紹**）

丁香、牛至、百里酚百里香

③成分的特徵

是加在食物中當作香料的精油。日本從古代開始在吃生魚片等生魚肉的時候就習慣沾芥末一起吃。另外，在食品容易滋生細菌或發霉的熱帶地區，人們也會經常食用各種香料料理。

香料被用來殺菌或防止細菌滋生。在大量使用香料的韓國，食物中毒的案例似乎只有日本的大約三分之一。香料不只有殺菌效果，還能夠藉著強烈的刺激讓心靈與身體清醒並溫暖起來。

吃生魚片沾芥末的時後，量都非常少對吧！因為沾太多的話刺激就太強了。精油也是一樣，請絕對不要一次就用一大堆。讓一點點的精油去發揮出效果就好。

酚類精油的刺激很強，所以必須多留意！酚類和芳香醛類族群的分子構造本身就很特殊，是刺激相當強的成分。

我常造訪東京藥科大學的學生餐廳，裡面賣的藥膳咖哩加了非常多丁香。雖然吃起來沒有很辣，但還是有辛香料的刺激感。在冬季寒冷的時期吃這個咖哩會讓身體熱起來，屋外的藥草園也能盡情地參觀。

酚類精油超強的抗菌力和能夠提高與敵人戰鬥的免疫攻擊力非常吸引人，但同時也會傷害皮膚，所以請少量使用（請稀釋到極淡）（做精油擴香則沒有此問題）。除了讓身體有精神和提高血壓以外，酚類精油

還有止痛的效果。貓的身體無法代謝酚類，所以使用這類精油時請特別注意（包含精油擴香吸入）。

④案例分享〈丁香〉

一位平時喜歡柑橘類香氣的女性，在體力被繁重工作逼到極限，健康也出問題之後來到了我的沙龍。我請她試聞她以前覺得「太強烈了，不喜歡」的丁香精油後，她這次卻覺得這就是她要的味道，她本人也對這個變化感到相當驚訝。對香氣喜好的改變讓她察覺到自己體力已經到了極限，她認為「現在的我就需要這個」於是帶了丁香精油回家。

【芳香醛類 Aromatic aldehydes】

①主要作用

強效抗感染（抗菌、抗病毒、抗真菌）、刺激免疫、強壯、溫熱

②具代表性的精油（粗體字的精油會在第 6 章詳細介紹）

中國肉桂、錫蘭肉桂（樹皮）

③成分的特徵

溫暖身體的效果相當優異。香氣的強度、抗菌能力和溫暖身體的能力都是第一名。但是刺激也很強烈，所以要特別留意！酚類和芳香醛類這種芳香族原始的力量很強，但同時對皮膚的刺激也很強。

芳香醛類跟酚類一樣，存在於香料類的精油內。在熱帶一些食品容

易滋生細菌或發霉的地區，人們常會食用各種香料料理。此時的香料就是被用來殺菌或是防止細菌滋生。

含有酚類的丁香，以及含有芳香醛類的中國肉桂，從中醫角度來看溫熱的效果都相當優異。中國肉桂因為性熱，所以也被加在治療體寒和初期感冒的葛根湯中。因為具有甘甜和辛辣的香氣，平時會被拿來當作芳香性健胃藥，用來改善食慾不振、消化不良等問題。

④案例分享〈中國肉桂〉

我有一位體寒相當嚴重的學生很容易水腫，所以她一整年都在使用複方油。當她在複方油中加入一滴中國肉桂（桂皮）精油後，溫熱的效果立刻大幅提升！

沒有體寒問題的人如果在夏天用的複方油中加入中國肉桂精油，可能會過於燥熱。

在芳香族之後誕生的是「萜烯類成分」。萜烯類族群有單萜烯類和倍半萜烯類等，主要是樹木的精油。

【單萜烯類 Monoterpenes（針葉樹）】

從植物的進化歷程來看，針葉樹的歷史非常久遠，大約在三億年前就誕生了。針葉樹的全盛期在一億五千萬～六千五百萬年前，也就是恐龍主宰地球的中生代（侏儸紀～白堊紀），之後針葉樹撐過了冰河期的寒冷年代存活了下來。如今，進化過的被子植物現在約有兩十多萬個種

類，相比之下，針葉樹只有約八百個種類，數量非常少。

針葉樹是靠風力來傳遞花粉，所以昆蟲和鳥類可以說是他們的外敵。因此，保護自己遠離可能會傷害自己身體的外敵，就變得特別重要。

單萜烯類有強化腎上腺的作用，倍半萜烯類（＋）則是有強化所有器官的作用。

①主要作用
去除鬱滯、類皮質類固醇作用、抗發炎、抗菌、抗病毒

②具代表性的精油（粗體字的精油會在第 6 章詳細介紹）
　　柏科：**絲柏、杜松莓**
　　松科：**黑雲杉、歐洲赤松**

③成分的特徵
針葉樹精油跟壓力特效藥中的皮質類固醇有著一樣的作用。說到皮質類固醇，大家的印象都是「當作類固醇藥膏抹在皮膚上的強效藥物。」但其實我們的體內也會製造皮質類固醇。皮質類固醇能夠抑制過敏及發炎症狀，還能讓身體充滿能量以對抗壓力。因為皮質類固醇會提高血糖值來抵抗壓力，並且讓身體進入戰鬥模式，所以又被稱為抗壓荷爾蒙，能夠緩和龐大壓力造成的疲勞、花粉症和異位性皮膚炎等。

當我們去森林裡走走，或是在很多樹木的地方做森林浴之後，不但

壓力減輕，身心也都感到煥然一新對吧？這是植物釋放出來的**蒎烯**（pinene）等成分的作用。蒎烯就是森林的香氣，而針葉樹含有最多的蒎烯。

　　針葉樹會釋放出森林浴的效果來源「芬多精」。芬多精（Phytoncide）是「植物 phyto」和「殺死 cide」結合而成的單字，指的是植物的抗菌和殺菌效果。這是俄羅斯的植物學者所創造出來的單字。

　　芬多精就是針葉樹釋放出來，以蒎烯等成分為代表的香氣。

　　針葉樹是常綠樹，葉子大部分都是呈現針狀，杉樹、檜木、松樹及冷杉都是針葉樹同伴。日本能看到針葉樹林的地方主要是北海道和阿爾卑斯山脈等寒冷的地區。

　　會被拿來裝飾成聖誕樹的冷杉也是針葉樹，在北方國度會有好幾個月都被積雪埋著。雖然針葉樹沒有能保護自己身體的房子，但是他們就算長時間被雪覆蓋也能撐得過去，適應自然的能力非常優秀。

　　針葉樹因為是常綠樹，所以就算天氣寒冷，葉子也不會掉落並持續進行著光合作用。因此，為了抵抗寒氣，針葉樹的葉子表面積縮到了最小（針狀的葉子），同時葉片內還富含大量油脂，防止水分蒸發。

　　針葉樹為了保護自己，能夠像這樣從體內製造出元氣的來源，讓自己在「寒冷」這種壓力滿載的狀態下也能精神飽滿地活下去。因此，針葉樹富含的單萜烯類（前面提到的蒎烯也是屬於這類）能夠幫助我們對抗壓力這點也就不難理解了吧！另外，針葉樹製造出來的成分都是古老

時代的產物，所以是構造最簡單也最輕的芳香成分。如果想在房間內體驗森林浴，針葉樹的精油夥伴們絕對能派上用場。

前面講的針葉樹內含量豐富的單萜烯類，具有類似皮質類固醇的作用，能夠在龐大壓力造成的疲勞、花粉症和異位性皮膚炎等時候發揮功效。

【單萜烯類 Monoterpenes（柑橘）】

①主要作用

去除鬱滯、抗發炎、抗菌、抗病毒、促進消化（柑橘類果皮精油含有很多右旋檸檬烯）

②具代表性的精油（粗體字的精油會在第 6 章詳細介紹）

甜橙、檸檬、香檸檬（佛手柑）、**橘子**、葡萄柚、日本柚子（香橙）

③成分的特徵

柑橘類的香氣比針葉樹的精油更明亮、輕盈也更清爽。柑橘類精油特別能讓消化系統的運作變得活躍，還能溫熱並活化身體。「煥然一新」這個詞精準描述了柑橘類精油的效果，這類精油也比針葉樹的精油更適合用來緩和輕度的壓力。

柑橘類精油是從果皮蒸餾而來。果實對樹木而言就像是孩子一樣的

存在，因此不難理解為何柑橘類會給人年輕又新鮮的感覺。另外，柑橘類果實呈現圓形，外表是橘色或黃色這種維他命色，看起來就像是太陽的形象，能讓人重新提振精神，讓心情變得開朗。

我們在累的時候會想吃酸的東西對吧？未成熟的東西本來就會讓人感覺到酸味，果實就像是小孩子一樣，所以也算是未成熟的東西。

大量唾液被分泌出來後，消化道的活動就會變得活躍。副交感神經會佔優勢，讓血液循環加快，活化身體機能。

④案例分享〈甜橙〉

一位女性的家人緊急住進加護病房，大約一個禮拜她都住在沒有窗戶的空間內照顧家人。我拿了幾種精油去醫院探望她的時候，她選擇了甜橙。「這個精油給人一種開心的感覺！是這個病房裡完全沒有的。」她在說這句話時終於露出了笑容。甜橙的香氣改變了她原本寫滿緊張和疲憊的表情，並且讓她感受到太陽般的光明與溫暖。這讓我又再次確認了柑橘類精油的力量。

【 倍半萜烯類 Sesquiterpenes（＋）】*

通常樹木都含有很多的倍半萜烯類。樹的樹幹既是植物本身的最大支柱，同時也是具備篩管及導管的部位，能夠將植物生存所需要的水分和養分運送到每一個角落。也就是說，樹幹是植物維持生命不可或缺的部位。用我們的身體來比喻的話，樹幹就相當於骨骼，篩管及導管則是運送血液的血管。

①主要作用

滋補、刺激

②具代表性的精油（粗體字的精油會在第 6 章詳細介紹）

廣藿香、**依蘭**、**乳香**、沒藥、穗甘松、**丁香**、北非雪松、喜馬拉雅雪松

③成分的特徵

聚集了很有特色的成分。就算在精油內佔的比例很少，也會散發出沉穩強烈、令人印象深刻的香氣。

清晰的強烈香氣有股強大的力量，給人大地般穩重的印象，會讓人聯想到大自然，有如整片樹林往土地牢牢扎根的豐饒景象。

另一方面，宗教儀式上使用的香氣中也含有微量的倍半萜烯類。宗教儀式使用的香氣具有「讓人與神明有所連結」的目的。

β-石竹烯（β-caryophyllene）也是倍半萜烯類的一種。含有 β-石竹烯的乳香、沒藥和穗甘松等精油都是宗教儀式上常用的精油，也經常被用在安寧病房中。因為 β-石竹烯能夠有效地緩和慢性疼痛。

β-石竹烯用在玉米上的話，就是生長促進劑，能讓玉米根生長到 1.5 倍長。

用人類來比喻的話，就像是血管內的血小板也含有生長因子。受傷的時候，血小板會讓血液凝固，並釋放出生長因子來修補受傷的部位。血小板內的生長因子能促使細胞增生和幫助血管成形，因此也被用來治

療關節的損傷，讓生長因子直接作用於損傷部位，促使細胞增生，提高修復機能，緩和疼痛，促進骨頭再生。

β-石竹烯會被用來緩和疼痛，是因為它具有跟腦內啡一樣，能讓疼痛緩和的作用。

我們會感覺到疼痛，是因為受傷的部位釋放出來的致痛物質會轉化為疼痛的訊號傳遞給大腦。腦內啡能夠阻止疼痛訊號傳到大腦，讓人感覺不到疼痛。

在生產、長程馬拉松或熬夜工作等身體負荷極大的時候，我們的大腦會自然分泌出腦內啡。腦內啡的作用就是人稱「跑者愉悅感」的一種產生幸福感和陶醉感，使人忘掉疼痛和疲勞的機能。

奉獻給神明的香氣中也包含這種促進幸福感和陶醉感的成分，這點就很好理解了。

橄欖科的**沒藥**中含有 70％以上的倍半萜烯類（＋）。

切開**橄欖科**樹木的樹皮，將流出來的樹脂（類似松香的東西）蒸餾過後，就會得到沒藥精油。樹脂具有防止病菌和蟲子從傷口進入的功能。歷史紀錄上也記載著古埃及人在製作木乃伊時會使用沒藥來防腐。

---

*　倍半萜烯類（＋）與倍半萜烯類（－）：倍半萜烯的化學分子式為 C15H16，不管＋或－都是相同的分子式。當用機械測量分析精油時，基本上每種芳香成分族群（○○類）都會偏向某一個電極（＋或是－）；然而，倍半萜烯類例外，有＋也有－；而且帶正電＋的精油成分有滋補的作用（P.57），而帶負電－的有鎮靜的作用（P.72），因為＋和－有完全不同的作用，所以用＋、－區分表示。

對天主教徒而言，沒藥和乳香則是他們很熟悉的教會的香氣。

【倍半萜醇類 Sesquiterpenols】

隨著時間經過，植物內的成分會發生化學反應。倍半萜烯類產生變化後的產物就是倍半萜醇類，雙萜醇類也是雙萜烯類變化而來的。這兩種成分都只存在於特定一小部分的植物當中。

又是單萜（mono）又是倍半萜（sesqui），一堆很像的名稱是不是讓你覺得很複雜呢？

萜烯（terpene）這個名稱是取自於從松香萃取而來的松節油（turpentine）。

單萜烯有 10 個碳（C10），倍半萜烯有 15 個碳（C15），雙萜烯有 20 個碳（C20），它們的結構是以 10 個碳為一單位，單位之間再互相連結，所以 C 的數量會是 10 的倍數。數字越大分子量就越大。

這些分子都具有強烈的揮發性，會飄散在空氣中，傳入鼻腔內就會讓人聞到香氣。碳數超過 20 個之後，會因為過重而無法飄散在空氣中，所以不會成為香氣。

這個族群的分子會對各種荷爾蒙產生作用。它們都有著沉穩強烈且令人印象深刻的香味，而且各自的性質都不同，是一群充滿個性的分子。

①主要作用

去除鬱滯、類荷爾蒙作用、滋補

②具代表性的精油

檀香、廣藿香、桉油醇綠花白千層

③成分的特徵

含有 70％以上的倍半萜醇類的檀香精油，是從樹幹的中心（木頭部位）蒸餾出來的。

倍半萜族群內每個分子的特徵都差很多，是一群充滿個性的分子。它們會形成檀香特有的成分，或是廣藿香特有的成分。有著沉穩強烈且令人印象深刻的香氣。倍半萜類的香氣比單萜類更沉穩，也因此，含有很多倍半萜類的精油聞起來會是沉穩的後調香氣。

倍半萜類的分子量比單萜類大，不容易揮發（不容易產生香氣），因此也被用來製作成需要長時間加熱來散發香氣的線香。

檀香的日文名為白檀。經常被用來當作線香的原料。聞起來不是像花朵般的甜美香氣，而是具有東洋風情的清澈寧靜香氣，很多人覺得這種香氣會讓內心變得平靜。

舉行宗教儀式時常會使用檀香線香來製造香氣，另外檀香也長年被拿來製作成香水。檀香樹有著美麗的木頭紋路，所以被人類廣泛用來製作高級家具、佛像及扇子等產品。這是因為倍半萜類的香氣容易殘留，檀香就算維持在木材的型態，也能夠持續散發出香氣。

檀香的這種味道也被評論為是高雅又好聞的香氣。

一種香氣越有特色，世人對它的好惡就越分明。每個人對於香氣的喜好都不同，也會隨著年齡和時代出現變化。因此，小孩子和年輕人通常都覺得檀香的香氣很刺鼻，甚至有小孩討厭到一聞到就會憋氣。這個現象說不定跟「線香是葬禮在用的」這種心理方面的作用有著很深的關聯。

【 雙萜醇類 Diterpenols 】

①主要作用
類荷爾蒙作用、滋補

②具代表性的精油（粗體字的精油會在第 6 章詳細介紹）
快樂鼠尾草、絲柏

③成分的特徵
含有雙萜醇類的精油非常少，不過，分子量再更重的話就不會揮發了，所以不會散發出香氣。能被歸在這一類的精油也非常稀少。

雖然雙萜醇類的比例很低，但是氣味沉穩強烈，令人印象深刻。含有雙萜醇類的精油當中，快樂鼠尾草和絲柏只包含了極微量的雙萜醇類，比例都在 1% 以下。

　　人體內有一百種以上的荷爾蒙，就算只有極少的量，也能夠發揮作用讓我們的身體保持正常運作。自律神經與荷爾蒙是維持人體活下去所不能缺少的恆定性（體內平衡）的兩大支柱。

　　快樂鼠尾草和絲柏含有的雙萜醇類成分，具有類似女性荷爾蒙的作用。女性荷爾蒙的作用是製造女人味，並且調節懷孕及生產這些女性特有的身體機能。

　　雌激素是卵巢接收到大腦下視丘及腦下垂體的指令後，分泌出來的荷爾蒙，雖然在一生中只會被分泌出一茶匙的量，但卻會對女性的身體產生龐大的影響。另外，雌激素並不是一生中都會持續等量地被分泌出來，而是會隨著成長增多，在 25 至 30 歲達到高峰，之後便會開始逐漸減少。

　　這件事讓我們明白，不論是荷爾蒙還是芳香成分，都只要有微小的量就能發揮出效果。

　　雌激素減少最具代表性的主要原因就是更年期，更年期（45～55歲）障礙是停經前後，雌激素急速減少引起的一種自律神經失調。

　　雌激素的量會像陡坡一樣快速往下掉，不過若從外界補充（增加）雌激素可以讓坡度變得平緩，幫助身體習慣雌激素不足的狀態。

　　另外，雌激素也有準備受孕的功能。濾泡刺激素（FSH）讓卵巢內的濾泡成熟後，為了養育受精卵，雌激素會讓子宮內側的內膜增厚。此外，雌激素也會促進血液循環，使肌膚潤澤有彈性，所以也被稱為「製

造女人味」的荷爾蒙。

雖然對女性而言雌激素會帶來很多好處，但是量越多就一定越好嗎？

其實一百年前的女性跟現代女性的月經次數差了一百次以上。首先是因為現代人的營養狀態比以前好，初經的年齡也變早了。其次是因為懷孕生產會讓月經暫停 13～22 個月。我的祖母生了五個孩子，合計下來，她總共有一百次以上的月經沒來。

據說現代日本女性每三人就有一人罹患子宮肌瘤或子宮內膜異位症。乳癌是女性最容易得到的癌症，且罹癌人數正在不斷增加。50 年前，日本乳癌的罹患率是每 50 人中有一人罹患乳癌，但現在是每 12 人中就有一人罹患乳癌。

子宮內膜異位症和子宮肌瘤會因為雌激素過剩而惡化。其他像乳癌和子宮內膜癌也是女性荷爾蒙過多引起的疾病。

因此，乳癌、子宮內膜癌、子宮內膜異位症和子宮肌瘤的患者，請勿使用含有倍半萜醇類或雙萜醇類的精油（不要讓皮膚吸收）。

另外，女性荷爾蒙會影響到懷孕及生產過程，所以孕婦也請勿使用這兩種精油。

調整效果顯著的族群

【單萜醇類 Monoterpenols 】

　　單萜烯類產生變化之後就會變成單萜醇類。

　　我們從植物的歷史會發現，針葉樹在三億年前就誕生，而闊葉樹則是在一億年前出現。闊葉樹是比針葉樹更加進化後的植物。闊葉樹和香藥草（草花）等植物廣泛都含有單萜醇類。針葉樹是靠風力授粉，進化後的闊葉樹則是會跟蜜蜂或鳥類等昆蟲或動物做交流，讓牠們幫忙授粉。

　　植物開始跟各種生物做交流的時候，也就代表開始需要保護自己了。

①主要作用
　　廣泛抗感染（抗菌、抗病毒、抗真菌）、調節免疫力、滋補神經

②具代表性的精油（粗體字的精油會在第 6 章詳細介紹）
　　芳樟木、**花梨木**、**馬鬱蘭**、天竺葵、茶樹

③成分的特徵
　　具有廣泛的抗菌作用，能消滅細菌、病毒和真菌（編註：真菌包含

造成香港腳的黴菌、女性陰道感染的念珠菌等酵母菌），也有提高免疫力的作用，能夠有效預防感染。另外還能讓神經系統變得穩定又有活力。單萜醇類的**刺激性很低**，從小孩到老人都能安心使用，用途涵蓋了預防感染和每天的肌膚保養，是很溫和的成分。

這個成分主要多是從葉子蒸餾出來。葉片表面有很多油囊（芳香成分），昆蟲走在葉子表面上或啃食葉子時，油囊會破裂釋放出芳香成分。對我們人類來說很香的香氣，對昆蟲而言卻是討厭的氣味，昆蟲會因此而逃跑。植物為了防止生病或被昆蟲啃食，製造出了這些特殊的氣味來自我防衛。

同樣地，人類的皮膚也有自衛的機制。皮膚被說是人體最大的免疫器官，也是隔開外界與自己的牆壁。皮膚的自衛機制能讓這面牆保持乾淨，維持防止細菌入侵的功能。

另外，比起嬰幼兒時期只在家裡生活的日子，開始上幼稚園，進入社會生活之後，就變得很容易得到各式各樣的傳染病。進入社會，跟自己以外的人相遇後，我們會察覺到自己與他人不一樣，並且重新認識自己，接下來就會開始調整自己，讓自己能夠適應整個社會。

身體機能的運作也是一樣。就算冬天氣溫降到 0 度，夏天氣溫升到 30 度以上，我們的體溫仍然保持在大約 36 度。這是因為不論外界如何變化，體內平衡機制都在運作，讓體內能保持穩定的狀態。維持體內平衡的一大支柱就是自律神經系統。

所謂免疫力，就是區分自己與自己以外的物質，並將不屬於自己陣營的病原體趕出體外的能力。自從我們開始到外面做交流後，就會需要

這種調整自己與外界的能力。

　　闊葉樹和香藥草（草花）等植物廣泛都含有單萜醇類。跟動物不同，植物沒辦法靠自己移動，所以會釋放出防止細菌及黴菌滋生的芳香物質來預防生病。

④案例分享〈花梨木〉

　　花梨木含有95％以上的單萜醇類。

　　在亞馬遜的熱帶雨林內能長到 30 公尺高的花梨木，有著玫瑰般沉穩又甜美的香氣。從樹幹的木質部（樹心）萃取到精油。而樹幹用人類來比喻的話，就是像人體骨骼一樣的支柱。

　　這種 30 公尺高的大樹會散發出相當穩重的氣勢，在支撐我們身體的同時也支撐住我們的心，讓我們沉穩地冷靜下來，幫助我們維持心情上的安定。

　　通常日本黃金週的長假結束後，使用這款香氣的人就會增加。

　　環境出現許多變化的新學期已經過了一個月，緊張和疲勞都到達了巔峰，趁著黃金週連假將緊繃的心情一口氣放鬆後，很多人會覺得心情和身體狀況反而變得更差，在這種俗稱五月病的症狀流行的時候，需要花梨木精油的人就會變多。

　　在亞馬遜的熱帶雨林茁壯成長的花梨木，那如同玫瑰般甜美又溫和的香氣能夠給予疲憊的神經系統力量，很多人當心靈需要安定時，就會立刻想到花梨木。

【氧化物類 Oxides】

①主要作用

抗黏膜炎（抑制喉嚨和鼻腔的發炎症狀）、調節免疫力、抗菌、抗病毒、排痰

②具代表性的精油（粗體字的精油會在第 6 章詳細介紹）

澳洲尤加利、桉油樟、桉油醇迷迭香、月桂

③成分的特徵

具有抗黏膜炎，也就是緩和喉嚨痛和鼻塞的作用，以及排痰、提高免疫力和抗病毒作用等，想要預防及改善呼吸系統疾患絕對少不了它！

上述植物主要都含有大量的 1,8 **桉油醇**（1,8-cineole）。尤加利（Eucalyptus）葉中含有極高比例的 1,8 桉油醇，高到甚至桉油醇也被稱為「Eucalyptol」。

桉屬植物的學名都以 *Eucalyptus* 為開頭。拉丁文的 *Eu* 就是英文 well 的意思。*calyptus* 代表「覆蓋上去」的狀態。這個單字的意義就是「確實蓋好蓋子」的意思。

尤加利給人一種雖然想開花，但是卻被戴上「帽子」壓抑住的感覺。尤加利種子的生長會被葉子的芳香成分 1,8 桉油醇給抑制住。1,8 桉油醇具有抑制生長的作用。尤加利的學名就如實描述了這項特徵。偶爾因為自然因素引發森林大火，平時抑制種子生長的葉子就會被燒光，這樣一來，種子的發芽就不再受到限制，終於能夠開始冒出新芽。

④案例分享〈尤加利〉

佔了澳洲森林 75% 的植物就是尤加利樹！看這個比例就能理解為何尤加利的種類超過五百種了吧。澳洲藍山國家公園的尤加利森林也因為會自然起火引發森林大火而相當有名，而自然起火的原因，就在於尤加利葉片中豐富的油脂（＝芳香成分）。

從葉子釋放出來的「芳香成分」會抑制其他植物的成長，這種現象稱為「**植物相剋作用（Allelopathy）**」。會這麼做的植物不是只有尤加利而已，阻止其他植物生長的相剋作用能在各種植物上看到。

植物相剋作用換句話說就是「除了我自己和我需要的東西以外，其他都不需要！」我們的免疫力的原理也是「除了我以外的東西（＝病原體）都不需要！」

尤加利是在利用火的力量提高自己的生命力。因此，我們能感受到尤加利彷彿在我們的心靈和身體內燒起熱情的火焰來支持著我們。

【酮類 Ketones】

①主要作用

促進膽汁分泌、化痰、溶解黏液、溶解脂肪、治癒創傷

②具代表性的精油（**粗體字的精油會在第 6 章詳細介紹**）

歐薄荷、迷迭香（樟腦及馬鞭草酮）、永久花（蠟菊）

③成分的特徵

所謂「免疫」就是區別自己和自己以外的東西，並且驅除他者的機

能。跟植物相剋作用的機制一樣。酮類也很擅長將不需要的東西趕出身體外。

酮類會將黏稠的痰變得稀薄容易排出，所以能用來改善咳嗽等呼吸器官的問題。另外，酮類還有溶解脂肪的作用，能將多餘的脂肪變得容易排出體外。酮類精油也能用來預防妊娠紋。

歐薄荷因為有著清涼爽快的香氣，所以被當成香料在全世界流通，也常被拿來製作成口香糖或牙膏等，是大家非常熟悉的味道。但是，市面上並沒有販賣孕婦不能用的牙膏對吧？因為牙膏用的香料是**薄荷醇**（Menthol，又稱薄荷腦），成分中不含酮類。

兒童和孕婦不能使用含有酮類的歐薄荷精油，所以在夏天時，兒童和孕婦可不能使用有加歐薄荷精油的身體乳液來消暑。自己動手做並不是永遠都最好。像這種情況，市售的涼感身體乳液反而不含酮類，可以安心使用。

另外，永久花（蠟菊）含有的**義大利酮**（Italidione，屬於雙酮類）能夠快速消除內出血，很推薦用來治療碰撞造成的傷口、瘀青，還有難以癒合的傷口。

注意　酮類精油可能會誘發癲癇痙攣發作，或是造成流產，因此孕婦、兒童、癲癇患者、老年人以及有在服用神經系統藥物（安眠藥、抗痙攣藥等抗精神病藥物）的人請勿使用。

酮類的神經毒性會長時間留在大腦內，傷害腦神經細胞。人類的大腦裡佈滿了神經系統的細胞。要比喻的話，神經系統扮演的就是傳達情報的電線角色。

為了避免密集的電線因碰撞而短路，這些電線都會用橡膠外皮包覆著。神經細胞也是一樣，被脂肪形成的外皮包覆著。但是，酮類會溶解這些脂肪形成的外皮。電線露出來之後就會發生短路並損壞。因為容易引起

短路使訊號混亂，所以對癲癇患者來說非常危險。還有老年人也是，因為身體的排泄機能會隨著老化而降低，所以要避免使用酮類精油。雖然一部分安眠藥和頭痛藥也會包含抗癲癇的效果，但因為身心科開的藥物會在神經系統上產生作用，所以還是避開酮類精油比較好。

【苯甲醚類 Phenyl methyl ethers 】

①主要作用

強效抗痙攣、鎮痛、抗發炎

②具代表性的精油（粗體字的精油會在第 6 章詳細介紹）

羅勒、龍艾

③成分的特徵

苯甲醚類是很原始的芳香族化合物，也是酚（Phenol）變化（進化）而來的產物，所以特徵是作用很強。另外也能有效地調節自律神經。

學名中有「王」這個字的香藥草之王羅勒[4]對痙攣引起的疼痛有卓越的效果。但是因為會刺激皮膚，所以使用時需要特別注意。

4　羅勒學名為 *Ocimum basilicum*，而 basilicum 源自於拉丁語，有國王的意思。

【倍半萜烯類 Sesquiterpenes（一）】

①主要作用

鎮靜、抗發炎

②具代表性的精油（粗體字的精油會在第 6 章詳細介紹）

德國洋甘菊、**生薑**、**依蘭**

③成分的特徵

倍半萜烯類的數量很少，但是都很有特色。

　　德國洋甘菊精油含有倍半萜烯類（一）的**母菊天藍烴**（Chamazulene）或者說甘菊藍（azulene 也稱為天藍烴，azure＝深藍色），所以精油是呈現深藍色。

　　被歸為冷色系的藍色能夠讓調控休息模式的「副交感神經」處於優勢。藍色有抑制神經和身體興奮的作用。

　　能夠抑制神經的興奮，使人鎮靜進入休息模式，也跟消除腫脹之類的抗發炎作用有關。深藍色有著鎮靜與內向等含意。冷靜下來專注深入自己的內心後，感受性變得敏銳，就能提升直覺能力並使人獲得靈感，因為能夠讓人看清楚事物的本質，所以藍色也代表**第六脈輪**的含意。

鎮靜作用顯著的族群

【萜烯醛類 Terpene aldehydes 】

　　萜烯醛類也是植物在進行相剋作用時會釋放的成分。這個成分會散發出像檸檬的香草調氣味。因為蚊子討厭這種味道，所以能用來防蚊。避開也是跟其他生物交流的一種方式。

　　還有，萜烯醛類能夠幫助身體冷靜下來。這是來自於抗發炎作用的效果，而且這個作用非常強。印度的傳統醫學阿育吠陀從數千年前就會將含有大量此成分的檸檬草當作冷卻作用的香藥草來使用。

　①主要作用
　　強效抗發炎、鎮靜、鎮痛、抗真菌、促進消化、除臭

　②具代表性的精油（**粗體字的精油會在第 6 章詳細介紹**）
　　檸檬草、檸檬尤加利、山雞椒、香茅

　③成分的特徵
　　印度的傳統醫學阿育吠陀從數千年前就會將檸檬草當作冷卻降溫的香藥草來使用。檸檬草有著簡單但強大的力量，能夠緩解因太過努力而疲憊的心情所引發的緊張，也能使興奮的腦袋冷靜下來。

這個簡單卻強大的力量來自於簡單的構造。檸檬草是禾本科單子葉植物，沒有莖的部位，外觀是許多葉子重疊在一起像莖一樣伸展，類似芒草一樣。單子葉植物的根是鬚根，不適合儲存營養。透過光合作用製造出來的養分會直接儲存在葉子裡，運送距離短又有效率，而且因為是單子葉植物，所以葉脈形狀筆直，構造非常簡單。因為植物本身的構造如此簡單，所以才能讓我們的精神構造變得單純。

　　檸檬草能讓我們冷靜下來、幫助我們集中精神及專注力，並且簡潔有力地讓我們看到該前進的道路，賦予我們能夠冷靜下來貫徹目標的強大意志。

　　另外，據說溝通不順時的壓力會以消化問題的形式顯現出來。具有促進消化能力的檸檬草也是種能夠消化掉堆積在肚子裡的負面能量，幫我們取回平靜，使人從體內自然湧出活力的香藥草。

　　檸檬草也能分解並消除汗臭味及鞋子臭味，平時可將精油噴在廁所或垃圾桶裡。另外還能有效防止真菌（香港腳），因此也可以噴在鞋子裡或玄關。

　　檸檬草精油消腫止痛的效果優異，很推薦用來緩解急性疼痛及嚴重發炎引起的疼痛（關節炎或閃到腰等）。

【酯類 Esters】

真正薰衣草含有的酯類是名叫**乙酸沉香酯**（linalyl acetate）的成分。聞起來像是香甜清爽的花香味。

菊科和唇形科的花朵蒸餾而成的精油當中，都會含有很多的酯類。因為散發著鮮花水果的香氣，所以此一成分長年以來也經常被拿來製作成香水。

花對植物而言是生殖器官，雌蕊接收到雄蕊的花粉後會製造出種子，確保下一代的續存。授粉的方法不斷進化後，逐漸從風媒花轉變成了蟲媒花。

比藉著風傳送花粉更有效率的授粉方式，就是藉著昆蟲來傳送。因為每種昆蟲喜歡的香氣不同，所以各自都會有只造訪特定族群花朵的傾向。對植物而言，這個傾向確實對於留下子孫非常有利。

菊科植物被說是最新進化出來的植物，用人類來比喻的話就是現代人。據說現代人一天接觸的情報量是約一千年前平安時代的人一生中接觸的量，現代人因為接觸太多情報，所以讓大腦承受了許多壓力。花朵構造複雜，又是最新進化出來的菊科植物甘甜纖細的香氣，能夠緩和我們人類大腦的興奮及負荷。

花朵授粉後會長出果實。果實內長出的種子就是下一代子孫的「生命根源」。柑橘類的果皮中含有的芳香成分是單萜烯類。也就是說，授粉後會跟香味一起回到植物最原始的狀態。

柑橘類精油是經由蒸餾果皮製作而成。水果的果實就是下一代的象徵，因此不難理解為何柑橘類會給人年輕又新鮮的感覺。另外，柑橘類果實呈現圓形，外表是橘色或黃色這種維他命顏色，看起來就像是太陽的形象一樣。

植物會利用光合作用將太陽的能量轉變成生存的能量。這個能量能夠提高生命力，給予我們活力並且讓我們的心情開朗。

這樣一思考就會發現，植物會隨著進化而需要各種東西，但也會製造出各種東西。我們人類就是利用這種作用在舒緩各式各樣的不適。

①主要作用
鎮靜、恢復神經平衡、鎮痛、抗痙攣、抗發炎、降低血壓

②具代表性的精油（粗體字的精油會在第 6 章詳細介紹）
羅馬洋甘菊、真正薰衣草、依蘭、苦橙葉

③成分的特徵
抑制精神上與肉體上的興奮、疼痛和發炎。

具有優異的鎮痛（包含抗痙攣）效果，能夠調節自律神經的運作，改善心悸、心律不整和高血壓。緩解壓力及慢性疼痛的效果極佳，從小孩到老年人都能安心使用。

菊科和唇形科的花朵蒸餾而成的精油當中，都會含有很多的酯類。因為散發著鮮花水果的香氣，所以也經常被拿來製作成香水。菊科植物

是最新進化出來的族群，構造也很複雜。含有各種不同成分的唇形科植物，多數也含有酯類。

　　花朵授粉時最重要的一件事就是盡可能跟距離遠一點的花授粉。因為附近的花具有相近的遺傳基因，一旦環境發生變化或染病就有可能全部死亡。只要跟遠處生長在不同環境的花授粉，就能增加遺傳基因的多樣性，提高存活下去的機率。因此花朵會利用香氣吸引昆蟲過來採蜜，藉此讓昆蟲把花粉傳到遠方。

　　成熟的水果（果實）會成為昆蟲和動物的植物糧食。動物將果實連種子一起吃下肚後，會在別的地方將種子排泄出來，讓種子得以發芽，幫助植物擴展領土。

　　這樣看來，花和水果的香氣也可以說是吸引他者的香氣。

　　也就是說，花是與他者交流的部位，也是生殖器官。用人類來形容的話，就相當於頭部。人的臉就像花一樣有個性，用臉就能分出每一個人。人類用大腦思考跟其他人溝通說話時也會用到臉部表情。另外，用生殖器來看的話，下指令讓身體分泌生殖行為所需的荷爾蒙的司令，就是大腦的下視丘。

　　酯類佔了 80％的羅馬洋甘菊花朵中心呈現黃色，信仰太陽神的古埃及人認為羅馬洋甘菊是降臨在大地上的太陽，古代希臘人希波克拉底也主張羅馬洋甘菊能對神經系統產生作用，自古以來就被當成神聖的藥草使用至今。

④案例分享〈羅馬洋甘菊〉

　　一位母親驚訝地跟我說，她在 ADHD（注意力不足過動症）的孩子因為興奮而不願睡覺時，將羅馬洋甘菊、苦橙葉和橘子的精油混合，製成噴霧噴灑在房間內和枕頭上後，孩子就馬上冷靜下來睡著了（平常明明需要耗很長一段時間）。幫忙一起帶孩子的祖母叫她從下次開始一定要準備這個法寶，所以她來跟我買羅馬洋甘菊的精油。

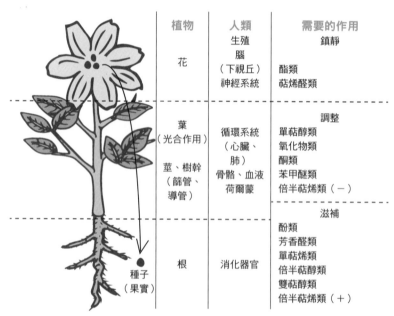

植物	人類	需要的作用
花	生殖 腦 （下視丘） 神經系統	鎮靜 酯類 萜烯醛類
葉 （光合作用） 莖、樹幹 （篩管、 導管）	循環系統 （心臟、 肺） 骨骼、血液 荷爾蒙	調整 單萜醇類 氧化物類 酮類 苯甲醚類 倍半萜烯類（－）
根	消化器官	滋補 酚類 芳香醛類 單萜烯類 倍半萜醇類 雙萜醇類 倍半萜烯類（＋）

種子
（果實）

花朵由葉子變化而來，位於成長的頂點，控制著全身。

▌ **關於化學型態（CT）**

　　請各位想一下葡萄酒。就算是同一個葡萄園裡的同一個品種釀成的葡萄酒，也經常會聽到介紹的人說「今年的特徵是有著○○風味」，依據採收年份和產地的不同，即使是同樣的農作物，也會跟紅酒一樣出現風味上的差異。

　　事實上，精油也可以說是一樣的。

　　就算是相同的物種，其成分也會根據植物生長環境的差異（包括生長地的高度不同）而發生很大的變化。如同前面所提到的紅酒一樣，精油也會因為生產地和採收年份等環境因素，出現不同的成分，特別有的精油差異性會很大。因為作用也會產生改變，所以特別加上「CT」，作為「化學型」。

　　舉例來說，含有大量沉香醇的百里香精油名稱就是 *Thymus vulgaris CT linalool*，在學名後面加上「化學型（CT, Chemical Type）」和成分名稱。

　　平地居住著人類和其他各種生物。對植物而言，雖然平地氣候穩定適合居住，但同時也有被害蟲啃食的危險性，再加上氣候溫暖，所以需要具備防蟲能力和防腐能力（防止發霉、避免細菌滋生）。

　　平地上的植物藉著製造出有驅蟲、抗感染（抗菌、抗病毒及抗真菌）和滋補作用的酚類，讓自己能在競爭激烈的土地上存活下來。

　　另一方面，到了海拔 1000 公尺以上的高山上，天敵和害蟲的數量

都會減少。而且別說害蟲，可能連蜜蜂這種能幫助授粉的昆蟲都很少。

　　這樣一來，為了生存下去而必須要做的事情，可能就變成了要想辦法製造香甜氣味引誘昆蟲過來。這時候，能讓植物與昆蟲做交流的就是單萜醇類的香氣。

　　百里香、迷迭香和樟樹等植物，為了在溫暖地區和寒冷地區都能適應環境生存下去，所以精油成分會隨著環境產生改變。

　　原本的「百里香」既可以自然生長在高山上，也可以在海拔零公尺的地方蓬勃生長，是生命力相當旺盛的植物。生長在平地上的百里香則成為了「百里酚百里香（*Thymus vulgaris CT thymol*）」。

　　自然生長在高地上的百里香有沉香醇百里香（*Thymus vulgaris CT linalool*）和牻牛兒醇百里香（*Thymus vulgaris CT geraniol*），兩者都有著柔和的香氣。如果高地上含有大量沉香醇的百里香被種植到平地後，過幾年就會變成製造出百里酚的百里香，這些植物就是像這樣根據生長環境來改變成分。

　　真正薰衣草也可說是「高山植物」，在海拔較低的地方無法順利生長。因為真正薰衣草不耐高溫及濕氣。生長在海拔越高的地方，酯類就會越多，花朵特有的香甜氣味也會越濃烈。

　　用自家採種技術栽培蔬菜的農家跟我說「F1 品種（雜交產生的第一代雜種。較能種出品質一致的蔬菜，生長速度快，收穫量也多）」跟「自家採種」栽培出來的作物是完全不同的東西。跟在不同場所、不同條件下栽種也能採收到相同作物的 F1 品種相比，自家採種的品種有著

旺盛的環境適應能力，所以不同人也會栽培出完全不一樣的作物。聽說在日本福島縣豬苗代市內所栽種的會津傳統蔬菜「余蒔小黃瓜」，每一戶農家種出來的味道差異會大到令人嚇一跳。

這樣一想就會發現，人工栽培品種和野生品種，差異也是非常大呢！

舉例來說，我平常在用的無農藥有機栽培薰衣草精油，有著強烈又明顯的香氣，某種程度上品質很穩定。

但是，我去拜訪南法格拉斯（Grasse，又被稱為世界香水之都）的有機香藥草農家時所購買的薰衣草精油，氣味跟我至今用過的薰衣草精油完全不一樣，是一種纖細又淡雅的香氣。因為這是用野生薰衣草蒸餾而成的精油。

這趟旅行讓我學到了香藥草植物氣味會因為生長環境而天差地遠等許多的知識。接下來，我會簡單講述一段令我印象深刻的故事。

故事的主角是住在海拔 1200 公尺山區務農的賈姬小姐。

我在玫瑰盛開、接近玫瑰節的時期去拜訪她，但是跟其他（住在平地上的）農家不同，山區的環境變化非常劇烈，所以玫瑰花苞全都因為天候不佳而枯萎了。

就算在這種天候變化劇烈、環境嚴峻的山中，賈姬小姐仍然不願放棄在這片土地上栽種玫瑰。她的理由是：

- 這裡的植物都充滿活力
- 周圍沒有其他農地，不用擔心農藥
- 高海拔地區的光合作用速度快，植物含有的有效成分會比低海拔地區多
- 這是歷代祖先流傳下來的土地，在居民越來越少的現在，維續這片土地與人類之間的關係是很重要的

　　賈姬小姐仔細地描述著她的理念，她說雖然有風險，不過每天觀察環境，在這片土地上與大自然共同生活是很幸福的一件事。她這份信賴大自然的態度令我深受感動。

　　賈姬小姐的丈夫米歇爾先生讓我看了野生百里香的蒸餾過程。這裡的沉香醇百里香散發出來的是非常清新溫和的香氣！野生香藥草的採收就跟人工栽培一樣重要，農家的工作有一半是採收，這項事實讓我受到了衝擊。

　　向我介紹小規模有機農家組織 simple(s) 的克莉絲蒂小姐說「『simple』這個字當中也包含著『植物』和『健康』的意思。」

　　那是因為早期的醫療行為都是使用植物。從古代流傳下來的許多醫療知識都是以植物療法為基本概念。看來人類為了健康，從古至今都在使用著香藥草。在「回歸原點」的理念當中，「植物」就位於最中心的位置。

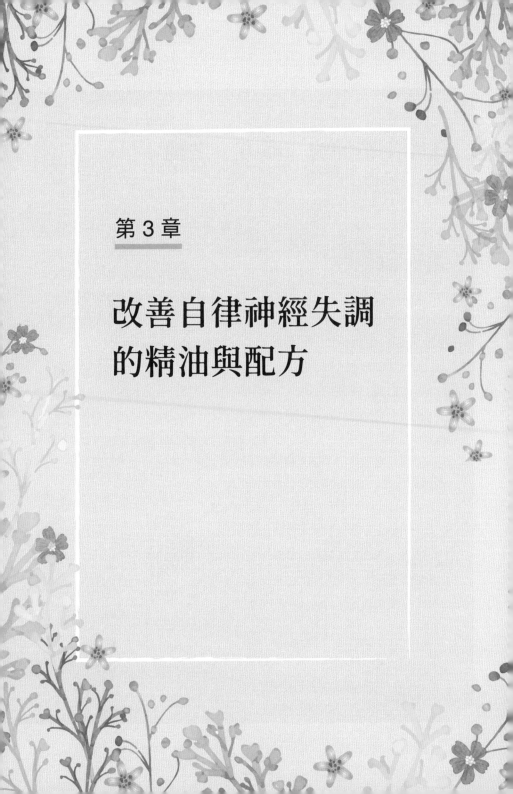

第 3 章

改善自律神經失調
的精油與配方

在開出精油的「處方」之前

　　精油是植物在所處環境中為了保存種子並存活下去而製造出來的成分，經過人工濃縮而成的產物。舉例來說，相對能萃取到比較多的薰衣草精油，如果連有香氣的莖和葉子也一起採下來做萃取，1 公斤的薰衣草大約能萃取到 6～8 毫升的精油（120～160 滴）（不同品種的取得量會不一樣）。號稱稀少珍貴的奧圖玫瑰精油，約 4.5 公斤的花朵只能萃取到 1 毫升（約 20 滴）。

　　因為需要收集這麼大量的植物來製造，所以一滴精油當中就充滿著「生存的力量」。換句話說，只要一滴就能發揮充分的效果。

　　從這一章到第五章會介紹改善身體不適的精油配方。有一些人我希望能遵照 P.233「關於禁忌」的指示避開某些精油，除了這些人以外，任何人都能輕鬆使用，而且書中將足以感受到效果的分量都有清楚地標示出來（有時候要持續使用才會看到效果）。

　　就算身體不舒服也請**絕對不要過量使用**。因為精油富含著植物的生命力，所以用太多反而有可能會損害健康。

　　本書介紹的配方都非常簡單，只要混在一起使用就行了。接下來會介紹製作方法跟濃度方面的注意事項，想嘗試配方的時候，建議先看完這部分再開始製作。

各配方的製作方法

〔噴霧〕　將乳化劑與精油充分攪拌均勻後，加入蒸餾水混勻，裝入噴瓶中。

〔入浴劑〕　將乳化劑與精油充分攪拌均勻後，加進浴缸中。

※因為精油不溶於水，所以要使用乳化劑（無水酒精、消毒用酒精或無香料入浴劑等等）。

〔複方油〕〔凝膠〕　將植物油或凝膠與精油混合。

〔洗髮精〕〔潤絲精〕〔液體肥皂〕　分別將無香料的製品與精油混合。

關於濃度

身體上的不適要使用較高的濃度（約 5％，請勿大範圍塗抹）。濃度越高越容易實際感受到效果，所以我將嚴重手腳冰冷的配方濃度調得比較高（需考慮年齡及身體狀況，沒有一定的標準）。

相反地，精神上的不適要使用低濃度配方（1～3％）。經常有個案反應，覺得強烈的香氣太過刺激，因而難以接受高濃度的配方。從鼻子吸入和塗抹皮膚都能帶來顯著的效果，所以要挑選使用者喜歡的香氣這件事特別重要。

【案例】一位 80 幾歲的個案因為有退化性膝關節炎，所以雙腿行動不便，水腫和疲勞的症狀也讓他很在意。於是，我用精油調配了全腿用的低濃度複方油和減輕膝蓋疼痛專用的高濃度複方油給他。那之後他每天都會用 2% 的全腿用複方油塗抹整隻腿，並且用 5% 的減輕膝蓋疼痛用複方油塗抹膝蓋（參考 88 頁）。

塗了複方油之後雙腿就會變得比較靈活，忘記塗的話就會很難活動，所以塗抹複方油現在已經變成了他每天的例行公事。

副交感神經亢進引發的問題

1 手腳冰冷、水腫

①原因

運動量不足、肌肉量不足造成的血液循環不良。小腿被稱為人體的第二個心臟,如同這個名稱一樣,想要將血液從末梢運送到全身,就需要肌肉的力量。坐在辦公桌前長時間都沒動到肌肉的人,或者沒有運動習慣的女性,小腿肌肉的幫浦作用會變弱,使得血液難以送回至心臟,雙腿血液循環不良就容易造成水腫。

②對策

- 去除鬱滯:單萜烯類(針葉樹、柑橘)
- 溫熱:酚類、芳香醛類

③推薦精油(粗體字的精油會在第 6 章詳細介紹)

- 單萜烯類(針葉樹):**絲柏、杜松莓、黑雲杉、歐洲赤松(松樹)**

  注意 女性荷爾蒙相關疾病患者(乳癌、子宮肌瘤等)以及孕婦請勿使用絲柏精油(234 頁 D、F)。

- 單萜烯類(柑橘):**檸檬**、葡萄柚、日本柚子(香橙)

  注意 柑橘類的果皮精油塗抹皮膚後,4～5 小時內請避免直接曬到太陽(233 頁 C)。

⚠ 手腳冰冷和水腫症狀嚴重時

・芳香醛類：**中國肉桂**

・酚類：**丁香**

> 注意　丁香和中國肉桂精油會對皮膚造成強烈刺激，因此必須充分稀釋。肌膚敏感的人和兒童請勿使用（233 頁 A、F）。這兩種成分的效果都很強，所以請選一種，然後一滴一滴地慢慢加入。

④配方

[改善手腳冰冷和水腫用油]
杜松莓 2 滴、檸檬 4 滴、植物油 10 毫升（3%）

[泡腳用入浴劑]
絲柏 1 滴、檸檬 2 滴、無香料入浴劑 2 毫升

[嚴重手腳冰冷用油]
中國肉桂 1 滴、絲柏 3 滴、檸檬 6 滴、植物油 10 毫升（5%）

2 倦怠感、沒有幹勁、容易疲勞

①原因

在極度繁忙的生活當中，如果放長假等這類悠閒的日子過太久的話，反而會整個人都失去活力。另外，副交感神經處於優勢的時候，低血壓狀態會讓血液循環變差，也是令人感到疲勞的原因之一。

②對策

- 去除鬱滯：單萜烯類（柑橘）
- 強壯：酚類

③推薦精油（粗體字的精油會在第 6 章詳細介紹）

- 單萜烯類（柑橘）：**檸檬、甜橙**、葡萄柚、日本柚子（香橙）

  注意　柑橘類的果皮精油塗抹皮膚後，4～5 小時內請避免直接曬到太陽（234 頁 C）。

- 芳香醛類：**中國肉桂**
- 酚類：**丁香**

  注意　中國肉桂和丁香精油不適合嬰幼兒、孕婦及老年人使用（233 頁 A、F）。另外，因為這兩種成分的效果都很強，所以請選一種，然後一滴一滴地加入。

⚠ 症狀嚴重時

- 單萜烯類（針葉樹）：**絲柏、杜松莓、黑雲杉**

④配方

[提振精神用的香氛]
檸檬 4 滴、甜橙 4 滴、桉油醇迷迭香 1 滴
[針對嚴重症狀的消除疲勞用油]
月桂 1 滴、黑雲杉 2 滴、甜橙 4 滴、橙花 1 滴、植物油 10 毫升（4%）
滴一兩滴在手腕上，閉上眼睛深呼吸。

△ 症狀嚴重時

　　與其說假日感到疲憊，不如說是長期缺乏力氣和體力。嚴重的手腳冰冷、病後恢復體力的期間、累積了許多疲勞和長期疲勞的狀態都需要更強力的援助。

　　初期或輕度的情況，以提振精神為目標。可以在洗澡時或其他場合使用上述配方的複方油（這時候請將精油混入 5 毫升的入浴劑當中，然後倒進浴缸內，此分量可用兩次）。

3 偏頭痛和天氣病引起的不適

①原因

　　因為氣壓或氣溫的變化而擴張的腦血管刺激到神經，引起疼痛。

②對策

　　‧使血管收縮：單萜醇類（薄荷醇）

　　‧鎮痛：苯甲醚類、萜烯醛類

　　※這個對策是利用這些成分收縮血管的作用。建議避免使用容易讓副交感神經處於優勢的酯類精油。

③推薦精油（粗體字的精油會在第 6 章詳細介紹）

　　‧苯甲醚類：**羅勒、龍艾**

　　　　注意　會刺激皮膚，必須稀釋（233 頁 B）。

・萜烯醛類：**檸檬尤加利**、**檸檬草**、山雞椒、香茅

　　注意　會刺激皮膚，必須稀釋（233 頁 B）。

・單萜醇類（薄荷醇）：**歐薄荷**

　　注意　嬰幼兒、孕婦、哺乳中、神經系統較弱的人、老年人和癲癇患者請勿使用歐薄荷精油（234 頁 E、F）。

④配方

　[偏頭痛用凝膠（塗在太陽穴上）]

　羅勒 1 滴、歐薄荷 1 滴、檸檬尤加利 1 滴、凝膠 5 公克（3%）

　　注意　這個配方適合「洗澡時會變嚴重的頭痛」。「洗澡時會好一點的頭痛」請參考肩頸痠痛等問題引起的緊張型頭痛（98 頁）。讓副交感神經處於優勢可能會使症狀惡化，所以要避免使用放鬆效果顯著的酯類精油。

4 過敏引起的搔癢及發炎照護

①原因

　　副交感神經處於優勢的時候，身體的免疫力會增強。所謂的免疫力就是「與外敵戰鬥的能力」。副交感神經處於優勢的狀態若長期持續的話，身為免疫關鍵的白血球中的淋巴球數量就會過多。也就是免疫力會過強（攻擊力過強）。過強的免疫反應就會引起過敏症狀。

　　以杉樹花粉症為例，免疫細胞將不會令人生病的杉樹花粉誤認為是敵人，並想要把花粉趕出去的反應，就是會引起花粉症的打噴嚏、流鼻水和搔癢等症狀。

②對策

- 止癢（抗組織胺）：檸檬醛（Citrals）
- 即效性止癢（冷卻）：薄荷醇
- 調整免疫平衡：單萜醇類、氧化物類

③推薦精油（粗體字的精油會在第 6 章詳細介紹）

- 檸檬醛：**檸檬草**、山雞椒

  注意 檸檬草和山雞椒精油會刺激皮膚，必須稀釋（233 頁 B）。

  注意 嬰幼兒、孕婦、哺乳中、神經系統較弱的人、老年人和癲癇患者請勿使用薄荷精油（234 頁 E、F）。

- 氧化物類：**澳洲尤加利、桉油樟、桉油醇迷迭香、月桂**
- 單萜醇類：**芳樟木、花梨木、馬鬱蘭、天竺葵、茶樹**
- 薄荷醇：**歐薄荷**

④配方

[室內芳香用]
澳洲尤加利 4 滴、檸檬草 1 滴
[鼻塞時]
澳洲尤加利 8 滴、歐薄荷 1 滴、桉油醇迷迭香 1 滴、凝膠 10 公克
[口罩用噴霧]
澳洲尤加利 4 滴、桉油樟 3 滴、檸檬草 1 滴、無水酒精 7 毫升、蒸餾水 3 毫升

注意 請在戴上口罩前，將噴霧噴在不會接觸臉部的那一面。
（PS：若是因應新冠病毒，不宜噴在口罩上，會破壞口罩的防護力。）

5 咳嗽與氣喘等呼吸系統的問題

　　你是否曾在感冒的時候覺得，白天活動時沒什麼問題，但晚上睡覺前咳嗽突然變嚴重，呼吸也變得困難？

①原因
　　咳嗽是要將從外面進來的灰塵和感冒病毒等異物排出體外的防禦反應，同時也有將累積在呼吸道的痰排出去的功能。

　　氣喘很多是過敏性的。呼吸道的黏膜發炎，一點小刺激就會讓支氣管等處的肌肉收縮，引發咳嗽。

　　副交感神經處於優勢會讓呼吸道變狹窄，所以到了睡前，換成副交感神經佔優勢的時候，咳嗽或氣喘的次數就會增加。因此，雖然酯類精油有抗痙攣作用，但會讓副交感神經處於優勢的精油還是要避免使用。

②對策
　　・呼吸系統的不適：氧化物類
　　・止咳：δ-3 蒈烯（Delta-3-Carene，蒈讀音同凱）、α-水芹烯
　　・氣管抗痙攣：苯甲醚類
　　・化痰、溶解黏液：酮類

③推薦精油（粗體字的精油會在第 6 章詳細介紹）
　　・氧化物類：**澳洲尤加利、桉油樟、桉油醇迷迭香**
　　・δ-3 蒈烯：**黑雲杉、絲柏**
　　・α-水芹烯：**乳香**

孕婦及女性荷爾蒙相關疾病患者（乳癌、子宮肌瘤等）請勿使用絲柏精油（234 頁 D）。

- 苯甲醚類：**羅勒**、**龍艾**
- 酮類：**歐薄荷**、**桉油醇迷迭香**

嬰幼兒、孕婦、哺乳中、神經系統較弱的人、老年人和癲癇患者請勿使用歐薄荷精油（234 頁 E、F）。羅勒精油會刺激皮膚，必須稀釋（233 頁 B）。

④配方

[成人用]

羅勒 2 滴、澳洲尤加利 6 滴、絲柏 1 滴、桉油醇迷迭香 1 滴、凝膠 10 公克（5%）

[兒童用]

黑雲杉 2 滴、桉油樟 2 滴、澳洲尤加利 2 滴、凝膠 10 公克（3%）

兒童用的配方以刺激較少的精油為主，濃度減為大約一半。

6 腹瀉等消化系統的問題

①原因

副交感神經佔優勢的時候，乙醯膽鹼會被分泌出來。排泄活動過於亢進會讓副交感神經過度佔優勢，容易引發腹瀉等問題。

大腸激躁症患者會常常碰到腹瀉混合便祕的情況。碰到便祕問題請參考 97 頁。

②對策

- 強效抗痙攣：苯甲醚類
- 溫熱（舒緩疼痛）：酚類、芳香醛類

　　注意　請勿使用會讓副交感神經處於優勢的酯類和萜烯醛類精油。

③推薦精油（粗體字的精油會在第 6 章詳細介紹）

- 苯甲醚類：**羅勒**

　　注意　羅勒精油會刺激皮膚，必須稀釋（233 頁 B）。

- 芳香醛類：**中國肉桂**

- 酚類：**丁香、牛至**

　　注意　丁香和中國肉桂精油會對皮膚造成強烈刺激，必須充分稀釋。肌膚敏感的人、孕婦和兒童請勿使用（233 頁 A、F）。這兩種成分的效果都很強，所以請選一種一滴一滴地加入。

④配方

[腹瀉、胃腸止痛用複方油]

羅勒 5 滴、中國肉桂 1 滴、生薑 4 滴、植物油 10 毫升（5%）

　　備註　腸腦軸線

最近常聽到「腸腦軸線」這個名詞。大腦與腸道乍看之下好像沒有任何關聯，但其實兩者有著很深的關係。腸內環境惡劣的話，身為中樞神經的大腦也會受到不好的影響，甚至還會引起自律神經的失調。

大腦和腸道透過自律神經和荷爾蒙等媒介緊密地相連在一起。消化道不健康的訊息會經由神經系統傳到大腦，引起腹部的異常和不適感等，對身體產生影響，以及抑鬱和不安感等精神上的影響。這些變化又會再度經由自律神經和荷爾蒙傳到消化道，讓消化道的問題更加惡化。

交感神經系統過度活躍引發的問題

1 手腳冰冷、水腫

①原因

體溫調節與自律神經有著密切的關係。交感神經處於優勢時,血管會收縮,導致手腳冰冷。現代生活會讓交感神經常常保持在佔優勢的狀態,所以越來越多人有慢性手腳冰冷的問題。跟血液循環不良也有關係。

這種問題常出現在不懂該如何關掉「努力模式」的人身上。壓力等原因造成的交感神經過度活躍,導致手腳末梢血液循環不良也會有影響(運動不足等身體原因造成的血液循環不良,請參考 83 頁)。

②對策
- 使副交感神經佔優勢:酯類、萜烯醛類

③推薦精油(粗體字的精油會在第 6 章詳細介紹)
- 酯類:**羅馬洋甘菊**、**真正薰衣草**、**依蘭**、苦橙葉
- 萜烯醛類:**檸檬草**、山雞椒、**檸檬尤加利**、香茅
  > 注意 萜烯醛類精油會刺激皮膚,必須稀釋(233 頁 B)。

④配方

[改善手腳冰冷和水腫用油]

羅馬洋甘菊 1 滴、馬鬱蘭 2 滴、真正薰衣草 2 滴、檸檬草 1
滴、植物油 10 毫升（3%）

2 便祕、消化不良和胃痛等消化系統問題

①原因

　　交感神經處於優勢會讓消化道和消化液的活動受到抑制。腸道蠕動
變慢，水分過度被吸收，導致糞便變硬及排便困難，最後就會變得容易
便祕。

　　食物進入胃裡之後，只有胃酸不斷地分泌，而中和強烈胃酸的消化
液分泌得不夠多，導致胃本身受到胃酸的侵蝕，引起胃炎、胃痙攣或胃
潰瘍等問題。

②對策

　　・促進消化：單萜烯類（柑橘）、萜烯醛類、倍半萜烯類（薑烯）
（Zingiberene）

　　・使副交感神經佔優勢：酯類

　　・鎮痛、抗痙攣：苯甲醚類

③推薦精油（粗體字的精油會在第 6 章詳細介紹）

　　・單萜烯類（柑橘）：**甜橙**、**檸檬**、香檸檬（佛手柑）、**橘子**、葡

萄柚、日本柚子（香橙）

> 注意　單萜烯類（柑橘）精油塗抹皮膚後，4〜5 小時內請避免直接曬到太陽（233 頁 C）。

- 倍半萜烯類（薑烯）：**生薑**
- 萜烯醛類：**檸檬尤加利、檸檬草**、山雞椒、香茅
- 苯甲醚類：**羅勒**

> 注意　萜烯醛類和苯甲醚類精油會刺激皮膚，必須稀釋（233 頁 B）。

- 酯類：**羅馬洋甘菊、真正薰衣草、依蘭、苦橙葉**

④配方

[改善便祕用油]

橘子 3 滴、羅馬洋甘菊 1 滴、生薑 1 滴、檸檬草 1 滴、植物油
10 毫升（3%）

在洗完澡後之類的放鬆時間，一邊深呼吸一邊順時針慢慢按摩
肚子，隔天早上肚子就會非常清爽。

3 肩頸痠痛、頭痛

①原因

　　跟【1】（87、96 頁）一樣，主要原因有：長期維持相同姿勢、運動不足、壓力和眼睛疲勞等。另外，肩頸痠痛是讓最多女性感到困擾的問題。脖子和肩膀周圍支撐著沉重的頭顱和手臂，所以肌肉容易疲累，疲勞物質會不斷堆積，肌肉也會變得僵硬。肌肉變僵硬會壓迫到血管，

讓血液循環變差，引起緊繃和疼痛。

　　打電腦或用手機這種長期維持相同姿勢的行為，會導致眼睛及全身的疲勞。脖子和肩膀會因此陷入血液循環變差並且容易疲累的狀態。肩頸痠痛和眼睛疲勞還有可能會引發緊張型頭痛（偏頭痛請參考 90頁）。

　　壓力造成的肩頸痠痛常發生在女性身上，原因是血流量不足。養成保暖習慣並多做能消除壓力的運動，對容易心情差的人也很有效。

②對策

　　・鎮痛及緩和造成慢性疼痛的壓力：酯類

　　・強效抗痙攣、鎮痛：苯甲醚類

　　・強效抗發炎、鎮痛（推薦用於肌腱炎和關節炎等）：萜烯醛類

　　　　注意　苯甲醚類和萜烯醛類精油會刺激皮膚，必須稀釋（233 頁 B）。

　　・去除血流和淋巴液的鬱滯：單萜烯類（柑橘）

③推薦精油（粗體字的精油會在第 6 章詳細介紹）

　　・酯類：**羅馬洋甘菊、真正薰衣草、依蘭、苦橙葉**

　　・苯甲醚類：**羅勒**、龍艾

　　・單萜烯類（柑橘）：**甜橙、檸檬、橘子、葡萄柚**、日本柚子（香橙）

　　　　注意　柑橘類的果皮精油塗抹皮膚後，4～5 小時內請避免直接曬到太陽。（甜橙、橘子除外）（233 頁 C）。

④配方

[慢性肩頸痠痛及頭痛用按摩油]

真正薰衣草 2 滴、檸檬草 2 滴、苦橙葉 2 滴、植物油 10 毫升
（3%）

備註 有慢性肩頸痠痛、駝背或容易緊張的人，胸部周圍的肌肉容易緊縮！這是胸大肌（胸部周圍）的肌肉持續緊張的狀態。只要緩解肌肉的緊張，深呼吸就會變得輕鬆，肩膀周圍也會感到放鬆許多。可以先將複方油塗抹在鎖骨下方到胸部周圍，再照著下列順序做伸展運動。請一邊深呼吸一邊慢慢地做。

❶用左手抓住右邊腋下前方的胸部肌肉。

❷左手確實抓住後，右手放在右肩上，右手肘往後伸並且轉動五次。另一邊的動作相同。

4 高血壓、緊張引起的心悸、心跳過快

①原因

就算平常的血壓都正常，遇到壓力時還是有可能快速升高。壓力造成的不安和緊張如果長期持續的話，罹患高血壓的風險就會上升。

②對策

・放鬆：酯類

・類血清素作用：鄰氨基苯甲酸甲酯（Methyl Anthranilate）

③推薦精油（粗體字的精油會在第 6 章詳細介紹）
- 酯類：**羅馬洋甘菊、真正薰衣草、依蘭、苦橙葉**
- 鄰氨基苯甲酸甲酯：**橘子、苦橙葉**

④配方

[放鬆用油，針對高血壓患者]

苦橙葉 5 滴、依蘭 1 滴、真正薰衣草 2 滴、植物油 20 毫升
（2%）

5 煩躁

①原因

你有過回家後滿腦還是想著工作的事情，或是精神過於緊繃，使得身體無法切換到休息模式，晚上很難入睡的經驗嗎？

現代社會的生活會讓交感神經容易被活化。交感神經在晚上切換到活躍模式的話就會引起煩躁的感覺。過大的壓力、手機或電腦看太久和攝取太多咖啡因的生活模式，都會讓交感神經變得容易興奮，這時如果血清素的分泌量不夠，只要有一點壓力就會令人克制不住怒氣。

②對策
- 抑制興奮：酯類
- 類血清素作用：鄰氨基苯甲酸甲酯

③推薦精油（粗體字的精油會在第6章詳細介紹）

　　‧酯類：**羅馬洋甘菊、真正薰衣草、依蘭、苦橙葉**

　　‧鄰氨基苯甲酸甲酯：**橘子、苦橙葉**

④配方

　　[緩解煩躁用油]

　　羅馬洋甘菊1滴、橘子3滴、植物油10毫升（2%）

6 失眠、睡眠品質差

①原因

　　交感神經會快速地活化，但副交感神經只能慢慢地運作。也就是說，突然想要讓副交感神經活躍起來是不可能的。就算睡著也容易醒來，或是根本很難睡著等狀況，都會讓身體無法充分獲得休息，使疲勞逐漸累積。

②對策

　　‧抑制興奮：酯類、萜烯醛類

　　‧類血清素作用：鄰氨基苯甲酸甲酯

③推薦精油（粗體字的精油會在第6章詳細介紹）

　　‧酯類：**羅馬洋甘菊、真正薰衣草、依蘭、苦橙葉**

　　‧萜烯醛類：**檸檬尤加利、檸檬草、山雞椒、香茅**

· 鄰氨基苯甲酸甲酯：**橘子、苦橙葉**

④ 配方

[室內擴香]

依蘭 1 滴、橘子 6 滴

[枕頭噴霧（枕頭用）]

羅馬洋甘菊 1 滴、苦橙葉 3 滴、橘子 8 滴、無水酒精 20 毫升、
蒸餾水 10 毫升（2%）

[頭部按摩用複方油]

真正薰衣草 1 滴、橘子 6 滴、依蘭 1 滴、荷荷芭油 20 毫升
（2%）

洗澡前滴 10 滴油在頭皮上，塗抹均勻後靜待幾分鐘，再仔細地
把頭洗乾淨（順便做頭皮按摩）。

> 備註　有個將要參加人生中第一次聯考的孩子，因為壓力過大所以晚上
> 都睡不著，他的父母很擔心地來找我談這件事之後，我就想出了這個配
> 方。後來我收到了令人開心的回覆：這對父母說他們會陪孩子一起做頭
> 皮按摩，用了這款按摩油之後，孩子每天都睡得很好。
>
> 頭皮的毛孔很多，所以精油的吸收率高。另外，針對精神方面我推薦
> 1～2% 的低濃度複方油（請參考 85 頁）。按摩油滴在頭皮上幾分鐘後
> 就會洗乾淨，所以不會弄得滿頭油膩，還會有護髮效果。除了入浴劑，
> 把精油加在洗髮精裡也不錯。
>
> 我常聽到個案跟我說「我知道只要做做按摩就行了，但是我好累，覺得
> 按摩好麻煩。」或是「我老公對芳療沒有興趣，我就算做了複方油，他
> 也不會用。」不過，只要加在洗髮精裡，就能輕鬆地在日常生活中使用
> 精油了。

7 疲勞、容易疲累

①原因

　　【6】（102 頁）的失眠狀態如果長期持續，導致身體無法充分休息，疲勞就會逐漸累積。身體持續過度勞動，變得無法對抗壓力。

②對策
- 提高免疫力：單萜醇類、氧化物類
- 消除疲勞：單萜烯類（柑橘）

③推薦精油（粗體字的精油會在第 6 章詳細介紹）
- 單萜醇類：**芳樟木**、花梨木、**馬鬱蘭**、**天竺葵**、**茶樹**
- 氧化物類：**澳洲尤加利**、**桉油樟**、**桉油醇迷迭香**、**月桂**
- 單萜烯類（柑橘）：**甜橙**、**檸檬**、香檸檬（佛手柑）、**橘子**、葡萄柚、日本柚子（香橙）

　　注意　柑橘類的果皮精油塗抹皮膚後，4～5 小時內請避免直接曬到太陽。（甜橙、橘子除外）（233 頁 C）。

④配方

[入浴劑]

桉油樟 1 滴、馬鬱蘭 1 滴、橘子 1 滴、甜橙 1 滴、無香料入浴劑 5 毫升

加進浴缸內。如果是沒時間泡澡的人，可以在洗臉台等處放滿 40 度左右的熱水，倒入適量的入浴劑，接著浸泡雙手 10 分鐘。

8 時差、上夜班等造成的生理時鐘失調

① 原因

　　如果因為時差或上班時間等因素，無法過著白天活動、晚上休息的生活，生理時鐘的節律就會產生混亂。這樣一來自律神經的平衡也會受到破壞，導致身體出現各種不適。這時候的重點在於提升睡眠的質與量，不過白天還是需要提高專注力的精油，就寢前再使用有鎮靜作用的精油來幫助睡眠。

② 對策
　　• 恢復神經平衡：酯類

③ 推薦精油（粗體字的精油會在第 6 章詳細介紹）
　　• 酯類：**羅馬洋甘菊、真正薰衣草、依蘭、苦橙葉**
　　• 其他具有調節自律神經作用的精油：**桉油樟、羅勒、月桂、杜松莓、絲柏、苦橙葉**
　　　注意　女性荷爾蒙相關疾病患者（乳癌、子宮肌瘤等）以及孕婦請勿使用絲柏精油（233 頁 D、F）。

④ 配方
　　[夜班工作專注用複方油]
　　羅勒 1 滴、歐薄荷 1 滴、月桂 2 滴、植物油 10 毫升（2%）
　　　注意　嬰幼兒、孕婦、哺乳中、神經系統較弱的人、老年人和癲癇患者請勿使用歐薄荷精油（234 頁 E、F）。

備註 我曾經請一位晚上睡得很好的個案聞聞看羅勒精油。當時他說他不覺得有多香，不過在上完夜班後他卻覺得羅勒精油聞起來非常香，我對他的這個變化感到相當驚訝。

芳香成分會經由嗅覺途徑直接進入掌管本能好惡的杏仁核。杏仁核發出指令後，掌管自律神經的下視丘就會開始行動。這個案例讓我真實地感受到一個人對香氣的喜好，會隨著身體狀況而改變。

自律神經失調（平衡調整）

交感神經和副交感神經並不是說只要有一邊特別活躍就好。為了適應身體內外的環境，兩邊都需要適度的活化。

平衡被打亂的徵兆會顯現在身體或心理上，可能會有複數的症狀一起出現，或是病情時好時壞，症狀因人而異，相當多變。像這種情況，該怎麼活用精油才好呢？

面對各種症狀就從各種途徑去發揮效果，這正是使用精油的優勢。

雖然一種精油不能說每個作用都很強效，但是精油含有數百種不同的成分，能夠在全身發揮出效果。不但能提高整體基本的自然治癒能力，還能透過嗅覺直接影響維持體內平衡的司令塔下視丘。

與此相比，醫院開的藥都是針對某種症狀調配的，為了發揮出強力的效果，內含的成分只會有特定幾項。

神經系統的轉換開關並不需要按很多次，只要按一次打開的開關就

可以了。

　　就算肩頸痠痛或頭痛這些出現的症狀一樣，原因也不一定相同。交感神經和副交感神經的配方都要試試看，知道自己現在需要哪一種配方，才能得到如何處理自身狀況的線索。另外，選用自己喜歡的香氣，也能得到線索來判斷自己目前需要什麼。

　　因此，針對自律神經失調，我並沒有將症狀一個一個列舉出來。並不是只能使用交感神經亢進或副交感神經亢進的配方，兩邊可以混著使用沒關係。

　　我認為最重要的是，為了在自律神經失調時也能快速地恢復原本的平衡，平時就必須培養好能注意到自己身體變化的狀態。

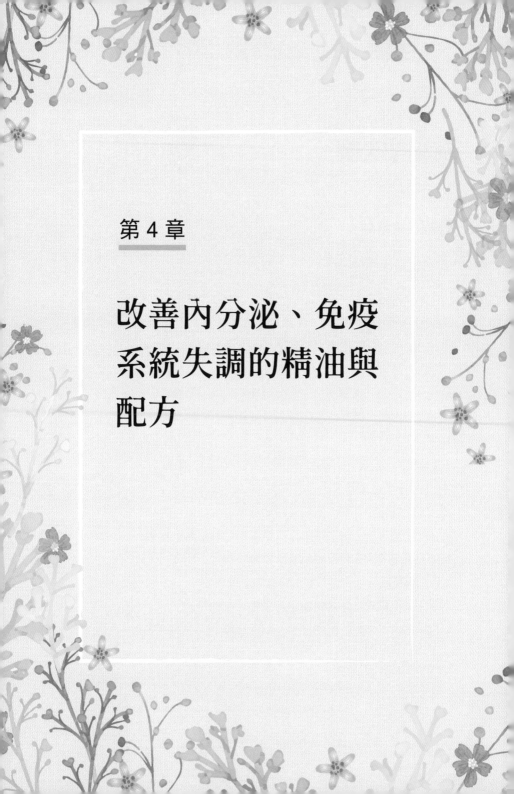

第 4 章

改善內分泌、免疫
系統失調的精油與
配方

荷爾蒙失調

1 經前症候群

①原因

因為荷爾蒙失調導致腦內物質血清素分泌量降低，引發情緒不穩、煩躁和食慾增加等症狀。身體的症狀（水腫、手腳冰冷、頭痛和腰痛等）主要是女性荷爾蒙中的黃體素的作用引起的。

「血清素」是大腦的神經傳導物質之一，對於情緒控制和幸福感等有很大的影響，也被稱為「幸福荷爾蒙」。因為血清素具有調整自律神經平衡的作用，所以增加血清素含量能夠讓自律神經安定下來。

②對策

[神經系統]
- 鎮靜神經系統：酯類、萜烯醛類
- 從低落的心情中恢復：單萜烯類（針葉樹、柑橘）
- 類血清素作用：鄰氨基苯甲酸甲酯

[身體]
- 去除鬱滯：單萜烯類（針葉樹、柑橘）
- 鎮痛：酯類、萜烯醛類、苯甲醚類

③推薦精油（粗體字的精油會在第 6 章詳細介紹）

- 酯類：**羅馬洋甘菊、真正薰衣草、依蘭、苦橙葉、快樂鼠尾草**
- 萜烯醛類：**檸檬尤加利、檸檬草**、山雞椒、香茅

  注意　萜烯醛類精油會刺激皮膚，必須稀釋（233 頁 B）。

- 單萜烯類（針葉樹）：**絲柏、杜松莓、黑雲杉、歐洲赤松（松樹）**

  注意　女性荷爾蒙相關疾病患者（乳癌、子宮肌瘤等）以及孕婦請勿使用絲柏精油（234 頁 D、F）。

- 單萜烯類（柑橘）：**甜橙、檸檬**、香檸檬（佛手柑）、**橘子**、葡萄柚、日本柚子（香橙）
- 鄰氨基苯甲酸甲酯：**橘子、苦橙葉**
- 苯甲醚類：**羅勒**

  注意　羅勒精油會刺激皮膚，必須稀釋（233 頁 B）。

④配方

[讓興奮的神經平靜下來的入浴劑]

快樂鼠尾草 1 滴、苦橙葉 1 滴、真正薰衣草 1 滴、橘子 3 滴、無香料入浴劑 5 毫升

[讓人從低落的心情中恢復的入浴劑]

甜橙 3 滴、絲柏 1 滴、桉油樟 1 滴、無香料入浴劑 5 毫升

2 生理痛、經期不適

① 原因

負責讓生理期的經血流出體外的前列腺素被分泌出來之後，子宮就會收縮造成疼痛。而且血液循環也會變差，導致腰痛和手腳冰冷變得更嚴重。

② 對策

- 抗痙攣：酯類、苯甲醚類

③ 推薦精油（粗體字的精油會在第 6 章詳細介紹）

- 酯類：**羅馬洋甘菊、真正薰衣草、依蘭、苦橙葉、快樂鼠尾草**

  注意 女性荷爾蒙相關疾病患者（乳癌、子宮肌瘤等）以及孕婦請勿使用快樂鼠尾草精油（234 頁 D、F）。

- 苯甲醚類：**羅勒**

  注意 羅勒精油會刺激皮膚，必須稀釋（233 頁 B）。

④ 配方

[生理痛用的複方油]

真正薰衣草 3 滴、快樂鼠尾草 2 滴、依蘭 1 滴、植物油 10 毫升（3%）

③ 經血難聞的味道（除臭）

①原因

經血氧化後滋生細菌，導致味道變得難聞。

②對策
* 除臭：萜烯醛類

③推薦精油（粗體字的精油會在第 6 章詳細介紹）
* 萜烯醛類：**檸檬尤加利**、**檸檬草**、山雞椒、香茅

④配方

[除臭噴霧]

檸檬草 2 滴、甜橙 5 滴、橘子 5 滴、無水酒精 20 毫升、蒸餾水 10 毫升（2%）

裝入噴瓶中，噴灑在廁所或房間等空間內（請勿直接噴在皮膚上）。

④ 更年期的症狀

①原因

在 45～55 歲，因為老化使得子宮卵巢功能衰退，導致女性荷爾蒙的分泌量快速降低，因缺乏女性荷爾蒙中的雌激素引起女性荷爾蒙失調

以及伴隨而來的自律神經失調。熱潮紅與體溫調節有關，而體溫調節與自律神經的關係密不可分。交感神經處於優勢時會讓血管收縮，導致手腳冰冷。手腳冰冷的時候，相對地熱度就會往軀幹和頭部集中，因此容易造成頭部發熱、暈眩，或身體突然躁熱起來的「熱潮紅」等症狀。

②對策
- 類雌激素作用：快樂鼠尾草醇（Sclareol）、淚杉醇（Manool）
- 恢復神經平衡：酯類
※對於調整荷爾蒙平衡也有效果

③推薦精油（粗體字的精油會在第 6 章詳細介紹）
- 雙萜醇類（快樂鼠尾草醇）：**快樂鼠尾草**
- 雙萜醇類（淚杉醇）：**絲柏**

> 注意 女性荷爾蒙相關疾病患者（乳癌、子宮肌瘤等）以及孕婦請勿使用快樂鼠尾草和絲柏精油（234 頁 D、F）。

> 備註 也請參考 62 頁的雙萜醇類。雖然只佔整體的 1％以下，不過特徵與荷爾蒙一致，極少量也能發揮出女性荷爾蒙的效果。

- 酯類：**羅馬洋甘菊、真正薰衣草、依蘭、苦橙葉**
- 有調節自律神經作用的精油：**桉油樟、羅勒、月桂、杜松莓、絲柏、苦橙葉**
- 調整荷爾蒙平衡：**馬鞭草酮迷迭香**

> 注意 兒童及癲癇患者請勿使用馬鞭草酮迷迭香精油（234 頁 D、F）。

④配方

　　[改善熱潮紅用凝膠]

　　快樂鼠尾草 1 滴、依蘭 1 滴、歐薄荷 1 滴、馬鞭草酮迷迭香 1 滴、凝膠 10 公克（2%）

　　感覺到燥熱時塗抹。

5 無月經、月經次數過少、早發性更年期（40 歲以下）

①原因

　　因為壓力過大，導致雌激素無法被製造出來。其實女性荷爾蒙是從儲存在肝臟內的膽固醇（食物中的油）製造出來的。膽固醇也能製造皮質類固醇等其他激素。大腦身為司令塔的下視丘與腦下垂體在感受到過大的壓力時，為了抵抗這股壓力會讓身體優先製造出皮質類固醇，所以雌激素的製造順序會被往後排。

　　壓力造成的雌激素不足要從大腦來處理。另外也要補充對抗壓力時會需要的皮質類固醇。

②對策

　　・類皮質類固醇作用：單萜烯類（針葉樹）

　　・恢復神經平衡：酯類

③推薦精油（粗體字的精油會在第 6 章詳細介紹）

　　・單萜烯類（針葉樹）：**黑雲杉、絲柏、杜松莓**

> 注意 女性荷爾蒙相關疾病患者（乳癌、子宮肌瘤等）請勿使用絲柏精油（234 頁 D）。

- 其他能使腦下垂體正常化的精油：**馬鞭草酮迷迭香**

> 注意 嬰幼兒、孕婦、哺乳中、神經系統較弱的人、老年人和癲癇患者請勿使用馬鞭草酮迷迭香精油（234 頁 E、F）。

- 酯類：**羅馬洋甘菊、真正薰衣草、依蘭、苦橙葉**

④配方

[緩和壓力的入浴劑]

羅馬洋甘菊 1 滴、馬鞭草酮迷迭香 1 滴、黑雲杉 1 滴、橘子 3 滴、入浴劑 5 毫升

6 慢性疲勞

①原因

　　因為長期承受壓力，導致皮質類固醇分泌量降低。皮質類固醇（糖皮質素）的分泌量在一天內會隨著晝夜節律改變。為了讓身體醒來，早上的分泌量會增多，到了晚上會變少（下頁圖表），所以為了調整晝夜節律，需要分成早上用與晚上用。

②對策

- [早上用] 類皮質類固醇作用：單萜烯類（針葉樹）
- 強壯：芳香醛類、酚類
- [晚上用] 鎮靜神經：酯類

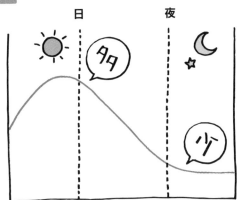

③推薦精油（粗體字的精油會在第 6 章詳細介紹）

- ﹝早上用﹞單萜烯類（針葉樹）：**絲柏、杜松莓、黑雲杉、歐洲赤松**（松樹）

  注意　女性荷爾蒙相關疾病患者（乳癌、子宮肌瘤等）請勿使用絲柏精油（234 頁 D）。

- ﹝早上用﹞芳香醛類：**中國肉桂**

- ﹝早上用﹞酚類：**丁香、牛至、百里酚百里香**

  注意　芳香醛類和酚類的精油會刺激皮膚，必須充分稀釋。肌膚敏感的兒童請勿使用。孕婦請勿使用丁香和中國肉桂精油（233 頁 A、F）。這兩種成分的效果都很強，所以請選一種一滴一滴地加入。

- ﹝晚上用﹞酯類：**羅馬洋甘菊、真正薰衣草、依蘭、苦橙葉**

- 萜烯醛類：**檸檬草、山雞椒**

④配方

[早上用複方油]

黑雲杉 3 滴、杜松莓 2 滴、丁香 1 滴、植物油 10 毫升（3%）

[晚上用複方油]

羅馬洋甘菊 1 滴、苦橙葉 1 滴、真正薰衣草 4 滴、植物油 10 毫升（3%）

起床時與就寢時塗抹在胸口和手腕等處。

7 失眠、睡眠品質差

①原因

能想到的原因很多，不過與荷爾蒙有關的狀況可以舉出三個：❶睡眠荷爾蒙褪黑激素不足、❷甲狀腺激素過度分泌、❸女性荷爾蒙失調。

②對策

❶睡眠荷爾蒙褪黑激素不足：

類血清素作用（褪黑激素的前驅物）：鄰氨基苯甲酸甲酯

鎮靜神經系統：酯類

❷甲狀腺激素過度分泌：

抑制甲狀腺激素分泌

❸女性荷爾蒙失調：

調整荷爾蒙平衡

調節自律神經

恢復神經平衡：酯類

③推薦精油（粗體字的精油會在第 6 章詳細介紹）

❶睡眠荷爾蒙褪黑激素不足：

鄰氨基苯甲酸甲酯：**橘子、苦橙葉**

酯類：**羅馬洋甘菊、真正薰衣草、苦橙葉、依蘭**

❷甲狀腺激素過度分泌：

有抑制甲狀腺激素分泌作用的精油：沒藥

❸女性荷爾蒙失調：

有調整荷爾蒙平衡作用的精油：**馬鞭草酮迷迭香**

有調節自律神經作用的精油：**桉油樟、羅勒、月桂、杜松莓、絲柏、苦橙葉**

注意　嬰幼兒、孕婦、哺乳中、神經系統較弱的人、老年人和癲癇患者請勿使用馬鞭草酮迷迭香精油（234 頁 E、F）。

注意　女性荷爾蒙相關疾病患者（乳癌、子宮肌瘤等）以及孕婦請勿使用絲柏精油（234 頁 D、F）。

④配方

[安眠用按摩油]

苦橙葉 1 滴、橘子 2 滴、桉油樟 2 滴、依蘭 1 滴、植物油 10 毫升（3%）

在洗完澡後或睡覺前自行按摩小腿至腳底，可改善雙腿的血液循環，使人變得容易入睡。

免疫系統失調

所謂免疫就是讓人免於疾病（＝疫）的機制，是維持體內平衡的重要支柱之一。病毒或細菌等外敵進入體內的時候，免疫系統會成為驅除這些外敵的力量。得到傳染病後，血液中的白血球會增加，試圖保護身體免於細菌或病毒的危害。這時的白血球增加與自律神經有關。

免疫系統能區別自身細胞和外來物質，並且驅除外來的物質。

最初階段是（先天免疫）會先啟動，在皮膚和黏膜等處製造屏障，讓外界各種病菌無法進來。一開始會跟敵人作戰的是單核球（巨噬細胞）和顆粒球（嗜中性球等）。病毒或細菌一旦闖入，它們就會快速把這些外敵吞噬掉。

舉例來說，雖然我們有時候會覺得喉嚨很痛，但我們並不會一直都在感冒，經常只要好好睡個一晚身體就會恢復了。這就是先天免疫的力量。但是，如果敵人太強，或是因為睡眠不足等原因導致免疫力降低，有時候就無法只靠先天免疫來驅除敵人。

這時免疫就會進入第二階段（後天免疫）。發揮作用的細胞會以淋巴球（T細胞、B細胞）為主。

後天免疫是團隊合作的形式，是由巡邏人員（巨噬細胞）和傳達人員（樹突細胞）會將敵人大致的情報傳給上司（淋巴球 T 細胞）。上司不會一收到請求就出動，他們會像公司的高層很晚才來上班一樣慢慢地登場。

淋巴球族群中，最大的司令官（輔助 T 細胞）會聽取敵人的情報，製作有效果的武器（抗體），然後指揮精銳部隊的 B 細胞和殺手 T 細胞作戰。輔助 T 細胞還會送營養劑（淋巴因子）給巡邏人員（巨噬細胞），讓巡邏人員發揮更強的攻擊力去打倒敵人。

淋巴球會在跟敵人作戰時記住這次是如何攻擊並消滅敵人的。下次再出現相同敵人的時候，淋巴球會立刻出動，攻擊並消滅敵人。所以，

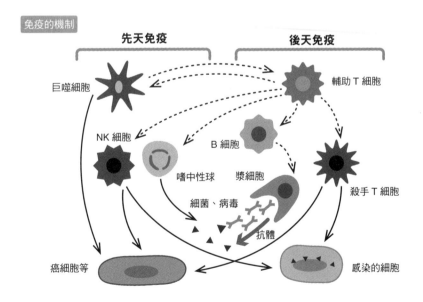

免疫的機制

只要病毒進入過體內一次，下次同一種病毒再進來的話就會立刻被免疫系統攻擊，因此不會再發病第二次。

另外，調節型 T 細胞在敵人的攻擊停止後會下達結束作戰的指示。像這種調整都是透過調節型 T 細胞進行。

自律神經與免疫系統

自律神經在活化免疫細胞方面扮演著重要的角色。自律神經一旦失去平衡就會讓免疫力降低。

人只要感受到壓力，交感神經就會佔優勢，導致白血球中的顆粒球增加，身體開始做出應對。顆粒球會吃掉身為外敵的病毒和細菌。免疫細胞跟敵人作戰會導致發炎反應增加，上皮細胞（製造皮膚或黏膜的細胞）作為隔開體內與外界的牆壁被破壞後也會引起發炎，使傷口變得難以癒合。

如果交感神經長期處在優勢，淋巴球的作用就會受到抑制，使免疫力下降。舉例來說，交感神經太過佔優勢的話，顆粒球就會增加甚至去攻擊對人體有益的常駐菌，引起化膿性的發炎症狀（口內炎、面皰和胃炎等等）。更嚴重的話會造成新陳代謝速度過快或活性氧濃度增加，都會讓組織被破壞。活性氧增加的話還可能會導致胃潰瘍、十二指腸潰瘍、組織老化、皺紋、黑斑和動脈硬化。

相反地，副交感神經開始運作，淋巴球增加的情況下，免疫力會跟

著升高，還能讓人從疲勞中恢復。不過，淋巴球過多也是個問題，因為會引起過敏。

也就是說，如果副交感神經持續亢進，人體就容易過敏（花粉症或異位性皮膚炎）。花粉症和氣喘都是免疫的過度反應。用花粉症來說明的話，就是免疫系統把非病原體的花粉誤認成危險的敵人並發動攻擊。最後人體就會試圖藉著打噴嚏和流鼻水將花粉排出體外。

1 預防感冒及流行性感冒

①原因

感冒原因有 90％以上是病毒感染。很多人以為吃抗生素就能治好感冒，但其實抗生素是殺死細胞的藥。病毒沒有細胞，所以吃抗生素不會有效果。目前幾乎沒有藥物能殺死病毒。

想對抗病毒，洗手、漱口和口罩（口罩也能保持濕度）缺一不可。室內必須保持在溫度 18～20 度、濕度 50～60％的狀態。

②對策
- 抗病毒：氧化物類、單萜醇類、單萜烯類、酚類、芳香醛類
- 提高免疫力：氧化物類、單萜醇類、酚類、芳香醛類

③推薦精油（粗體字的精油會在第 6 章詳細介紹）
- 氧化物類：**澳洲尤加利、桉油樟、桉油醇迷迭香**
- 單萜醇類：**芳樟木、茶樹、花梨木**

・單萜烯類：**甜橙、檸檬、橘子、絲柏、杜松莓、芳樟木**

　　注意　女性荷爾蒙相關疾病患者（乳癌、子宮肌瘤等）以及孕婦請勿使用絲柏精油（234 頁 D、F）。

・酚類：**丁香**、牛至、百里酚百里香

・芳香醛類：**中國肉桂**

　　注意　酚類和芳香醛類的精油會對皮膚造成強烈刺激，因此孕婦請勿使用丁香和中國肉桂精油（233 頁 A）。建議用精油擴香的方式吸入。

④配方

[精油擴香]

丁香 1 滴、柑橘類 5～6 滴（甜橙或檸檬等）做室內擴香

[口罩用噴霧]

茶樹 2 滴、澳洲尤加利 2 滴、消毒用酒精 10 毫升（2%）

材料全部加進噴瓶裡，充分搖勻。使用時噴在口罩的外側。

（防新冠病毒時不宜噴在口罩上）

[喉嚨凝膠]　塗在胸口。

兒童用：芳樟木 1 滴、桉油樟 1 滴、凝膠 10 公克（1%）

成人用：茶樹 3 滴、澳洲尤加利 3 滴、凝膠 10 公克（3%）

2 花粉症（過敏、搔癢）

①原因

　　對杉樹等植物的花粉產生的免疫反應。有過敏體質的人，鼻黏膜如果碰到杉樹花粉等過敏原，肥大細胞就會釋放出誘發過敏的物質（組織胺等），引起過敏反應（打噴嚏、流鼻水、鼻塞和眼睛癢等）。

②對策
- 抗組織胺：檸檬醛
- 調整免疫平衡：氧化物類、單萜醇類

③推薦精油（粗體字的精油會在第 6 章詳細介紹）
- 檸檬醛：**檸檬草**、山雞椒
- 氧化物類：**澳洲尤加利**、**桉油樟**、**桉油醇迷迭香**
- 單萜醇類：**芳樟木**、**茶樹**、**花梨木**

④配方

[精油擴香]

檸檬草 1 滴、澳洲尤加利 5 滴做室內擴香

[口罩用噴霧]

檸檬草 1 滴、澳洲尤加利 3 滴、桉油醇迷迭香 1 滴、消毒用酒精 10 毫升（2.5%）

注意　在戴上口罩前，噴在不會接觸臉部的那一面。

[鼻塞用凝膠]

兒童用：澳洲尤加利 2 滴、桉油樟 1 滴、檸檬草 1 滴、凝膠 20 公克（1%）

成人用：澳洲尤加利 3 滴、茶樹 2 滴、歐薄荷 1 滴、檸檬草 1 滴、月桂 1 滴、凝膠 10 公克（4%）

[眼睛癢]

用檸檬草純露沾濕棉花，放在眼睛上 2、3 分鐘（因為精油不能用在眼睛上，所以使用純露）。

3 感冒的各種症狀（鼻塞、喉嚨痛及咳嗽等）

①原因

受到病毒感染，鼻子和喉嚨的黏膜發炎，引起打噴嚏、流鼻水、鼻塞和咳嗽等症狀（免疫的機制請參考120頁）。

②對策
- 緩解呼吸系統的不適：氧化物類
- 舒緩鼻塞：單萜醇類（薄荷醇）
- 化痰、溶解黏液：酮類
- 提高免疫力：氧化物類、單萜醇類

③推薦精油（粗體字的精油會在第6章詳細介紹）
- 氧化物類：**澳洲尤加利、桉油樟、桉油醇迷迭香**
- 單萜醇類（薄荷醇）：**歐薄荷**
- 酮類：**歐薄荷、桉油醇迷迭香**
  注意 嬰幼兒、孕婦、哺乳中、神經系統較弱的人、老年人和癲癇患者請勿使用含酮類的精油（234頁E、F）。
- 單萜醇類：**芳樟木、茶樹、花梨木**

④配方

[鼻子、喉嚨用凝膠]

| 兒童用：澳洲尤加利1滴、桉油樟1滴、凝膠10公克（1%） |
| 成人用：桉油醇迷迭香1滴、澳洲尤加利4滴、歐薄荷1滴、凝膠10公克（4%） |

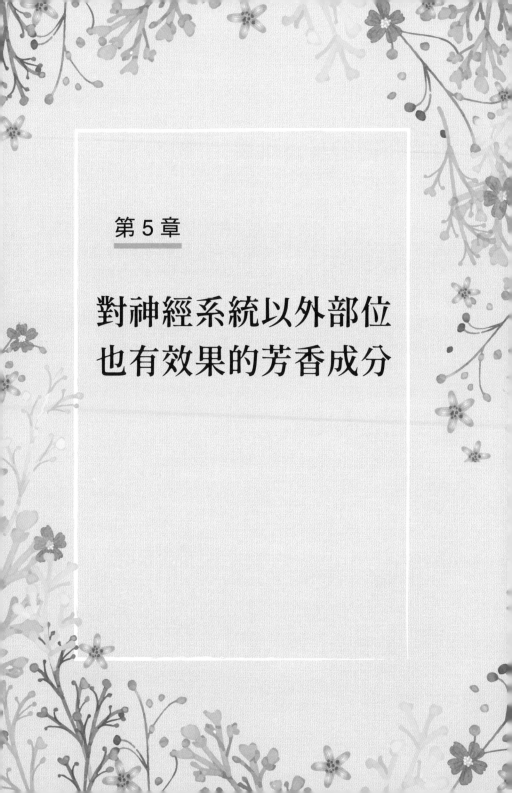

第 5 章

對神經系統以外部位也有效果的芳香成分

皮膚屏障的基礎知識

覆蓋人體表面的「皮膚」被說是人體最大的免疫器官，具有保護身體不受外界刺激、調節體溫、分泌皮脂和防止血液及體液流失等功能，在保持身體正常狀態這方面扮演著非常重要的角色。因為皮膚是區分我們身體內外的一個分界線。

正常皮膚最外側的角質層會形成屏障，能夠防止皮膚內的水分過度往外流失，同時也能防止細菌或刺激物等異物從外界進入體內。

角質層的屏障功能低下時，受到汗水或摩擦等外界的刺激就容易引起皮膚問題。皮膚（角質層）會無法保存水分，還會常常變得乾燥粗糙。

對環境變化敏感或是容易受到輕度刺激影響的皮膚，一般稱為「敏感肌（敏感性肌膚）」。敏感肌也是皮膚屏障功能低下的一個例子。屏障功能低下時經常會看到皮膚因為沒有充分保濕而變得乾燥，同時又處在對刺激特別敏感的狀態，稱為「乾燥型敏感肌」。

維持皮膚屏障功能的重點在於確保下列四個要素足夠且完整。

①水分

健康的角質層含有 10～20％的水分，低於 10％的話皮膚就會變成乾燥粗糙的乾燥型敏感肌。為了保有水潤健康的皮膚，必須盡量避免乾燥和刺激，並且常做防止角質層水分流失的肌膚保養。

皮膚屏障的功能

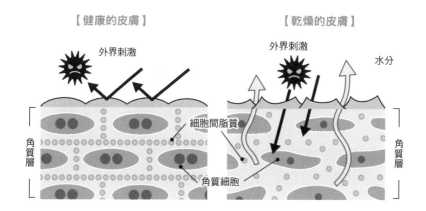

②皮脂膜

　　覆蓋在皮膚最外側，像一層「油膜」一樣的構造，可防止角質層的水分蒸發，並將角質層的水分保持在一定的量。皮脂膜由皮脂腺分泌的皮脂與汗液的水分組成。皮膚表面由皮脂膜組成屏障，防止水分蒸發。皮脂膜呈現弱酸性，因此能防止細菌繁殖。

③NMF

　　被稱為「天然保濕因子」，這個成分能夠吸附住水分，讓角質層保持濕潤。NMF 是一種以胺基酸為代表的「帶有親水性質的物質」。

④神經醯胺

　　佔了角質層的細胞間脂質一半以上的神經醯胺（Ceramide）主要功能是「確實抓住水分」，同時也有連結細胞、防止外界刺激入侵的功能。

防止皮膚屏障功能低下的芳香療法

植物油和純露可以有效防止皮膚屏障功能低下。

①防止乾燥的植物油（維持皮膚屏障的功能）
　　在皮膚最外層的皮脂膜會在洗臉和洗手時被洗掉。熱水會讓皮脂膜過度脫落，使皮膚屏障的功能下降。

　　皮脂膜的構造當中含有很多跟植物油成分類似的脂肪酸。三酸甘油脂就是芳療使用的植物油中大多都含有的脂肪酸。

　　除了三酸甘油脂，皮脂膜還含有將近一半與荷荷芭油成分相同的蠟酯，所以在冬天等皮膚容易乾燥的季節，調配護膚油時荷荷芭油請多加一點。

②能補充水分的純露（芳香水含物）
　　補充蒸發掉的水分。皮脂膜是呈現弱酸性，具有輕微抗菌作用。純露也是弱酸性，所以能得到相同的預期效果。

　　雖然很多人為了保溼會拼命補充油分，但保濕最重要的是讓油分和水分都能被保存起來，所以也必須確實地補充水分，讓皮膚屏障的功能得以維持。

　　容易乾燥的皮膚，可以用水和油交互保養，提高皮膚屏障的功能。皮膚角質層內部的水和油會像千層派一樣有規則地互相交疊，保護著角

質細胞，這種構造稱為「層狀構造」，形成層狀的是在角質層內調整並維持角質細胞水分平衡的角質細胞間脂質。

　　排得像千層派的水分和油分因為是有規則地互相交疊，所以能夠防止水分蒸發並且提高皮膚屏障的功能。

　　皮膚的保濕能力與這個層狀構造有著密切的關係。皮膚乾燥的人請試試看交互塗抹純露和植物油的「千層派保濕法」。想用市面上的乳液代替油的話，請注意不能含有會破壞層狀構造的界面活性劑。

・每天的肌膚保養・

　　從精油形態學（植物的各部位代表著人體同部位的特性之學說）的角度來看，適合塗抹在皮膚上的精油如下：

- 具有覆蓋傷口作用的樹脂精油（乳香）
- 對應人類臉部的花朵精油（玫瑰、依蘭、橙花、真正薰衣草、羅馬洋甘菊）

　　從成分來看能得到預期效果的精油如下：

- 對皮膚刺激較少，含有大量抗菌力強的單萜醇類精油（天竺葵、橙花、芳樟木、真正薰衣草、玫瑰）
- 純露的選擇與上列精油相同。

配方

[日常肌膚保養]

真正薰衣草 1 滴、芳樟木 1 滴、植物油 10 毫升（1%）

[壓力時期的肌膚保養]

乳香 1 滴、真正薰衣草 1 滴、橙花 1 滴、植物油 15 毫升（1%）

[抗老化]

玫瑰 1 滴、天竺葵 1 滴、芳樟木 2 滴、植物油 20 毫升（1%）

○ 皮膚屏障功能低下引起的皮膚問題 ○

　　角質層的水分量一旦減少，皮膚屏障的功能就會降低，表面會變得乾燥並出現乾癬和龜裂，變成乾燥型敏感肌。變成乾燥型敏感肌後，感受搔癢感的神經纖維就會延伸到靠近皮膚表面的地方，因此皮膚對外界的刺激會變得敏感，就算只有一點點刺激也容易感到搔癢。最後會陷入抓癢引起發炎，發炎又讓搔癢感更嚴重的惡性循環。

　　敏感肌的典型症狀是「抹上化妝品後會覺得刺痛」、「秋冬時皮膚很乾而且會發癢」。這是因為將這些刺激傳到大腦的「訊號」量因為乾燥而增加。這個狀態稱為「感覺刺激」。起因於受到外界刺激的皮膚細胞分泌出「讓感受癢覺的神經伸長的物質」。如果這個物質持續分泌，原本只存在於表皮下真皮層的「感覺神經纖維（感受搔癢感的神經）」就會往靠近皮膚表面的地方伸長，因此會容易感受到刺痛和搔癢等感覺刺激。

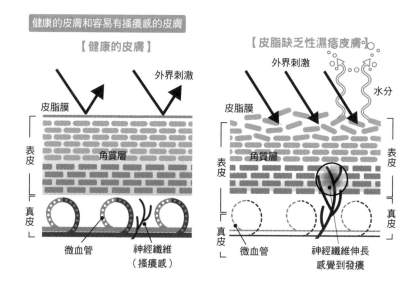

健康的皮膚和容易有搔癢感的皮膚

【健康的皮膚】

外界刺激

皮脂膜

表皮

角質層

真皮

微血管　　神經纖維
　　　　　（搔癢感）

【皮脂缺乏性濕疹皮膚】

外界刺激

水分

皮脂膜

表皮

角質層

真皮

微血管　　神經纖維伸長
　　　　　感覺到發癢

　　皮膚屏障功能低下的人，也會出現無法適應溫度變化和皮膚發熱等症狀。

1 搔癢、異位性皮膚炎、乾燥肌膚

①原因

　　讓乾燥肌膚和異位性皮膚炎症狀惡化的最大原因就是棲息在皮膚上的細菌。健康皮膚的皮脂膜會呈現弱酸性，具有殺菌（金黃色葡萄球菌等）的功能。

　　但是，皮膚如果發炎，抗菌能力就會下降。因此，乾燥肌膚和異位性皮膚炎的人，皮膚上都很容易有金黃色葡萄球菌。這些細菌會讓發炎

症狀惡化，也是濕疹和搔癢感變嚴重的原因。所以要使用有抗菌作用或抑制發炎作用的精油。

　　因為季節或身體狀況導致皮膚屏障功能非常差的時候，使用精油可能會導致症狀惡化。這種時候只用植物油和荷荷芭油保養就好。

　　純露是含有極少量精油成分的水合物，精油濃度極低（最高0.5％），所以不容易引起免疫反應，安全性也較高，而且還能補充蒸發掉的水分。

> 注意　請務必先進行貼布測試，方法如下：
> 將調配好的精油塗在手臂內側等處，範圍約一元硬幣大小。10〜20 分鐘後確認有無異常。

②對策
　・輕微抗菌：所有純露
　・抗感染（抗菌、抗病毒、抗真菌）：單萜醇類
　・抗發炎：單萜烯類（針葉樹）、酯類
　・冷卻：薄荷醇

③推薦精油（粗體字的精油會在第 6 章詳細介紹）
　・單萜醇類：**芳樟木、天竺葵、玫瑰、茶樹**
　・單萜烯類（針葉樹）：**黑雲杉、絲柏、杜松莓**

> 注意　女性荷爾蒙相關疾病患者（乳癌、子宮肌瘤等）以及孕婦請勿使用絲柏精油（234 頁 D、F）。

　・酯類：**羅馬洋甘菊、真正薰衣草**
　・薄荷醇：**歐薄荷**

> 注意　嬰幼兒、孕婦、哺乳中、神經系統較弱的人、老年人和癲癇患者請勿使用歐薄荷精油（234 頁 E、F）。

④配方

臨床上出現過玫瑰純露成功抑制金黃色葡萄球菌繁殖的案例，對於易發炎肌膚和搔癢肌也有效果。

[搔癢肌用護膚油]

真正薰衣草 1 滴、羅馬洋甘菊 1 滴、荷荷芭油 20 毫升（1%）

[抑制搔癢肌症狀的身體護膚油]

黑雲杉 3 滴、歐薄荷 1 滴、天竺葵 2 滴、荷荷芭油 10 毫升（3%）

② 濕疹、蕁麻疹、過敏性肌膚的問題

①原因

造成蕁麻疹的原因有三種，第一種是過敏（佔全體約 5%），第二種是物理性的刺激（約 20%），第三種則是原因不明（70%以上）。「過敏性蕁麻疹」會被特定的食物、化妝品、植物或塵蟎觸發。物理性指的是會在浸泡熱水（熱性蕁麻疹）或接觸到冷空氣（寒冷性蕁麻疹）等情況時發作的類型。抓癢的刺激也有可能引發蕁麻疹。另外壓力也會讓搔癢更加嚴重。

我們平時飲食當中的紅肉魚（鮪魚、鰤魚、秋刀魚、鯖魚和沙丁魚等）含有很多的組織胺（Histamine），經過酵素分解後會變成組織胺。辛香料和酒精等物質也都會增強搔癢感。

皮質類固醇又叫「類固醇」，具有抗過敏和抗發炎的作用。同時也請參考 91 頁的「過敏引起的搔癢和發炎照護」。

①皮膚受到會引起發炎的刺激。
②肥大細胞分泌會引起紅腫和發癢的物質（組織胺等）。
③組織胺等物質引起搔癢感。
④組織胺的血管擴張作用讓皮膚出現紅腫等症狀。

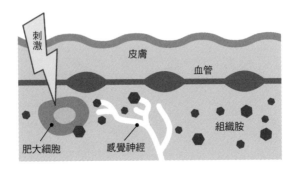

②對策

　　‧抗組織胺：檸檬醛

　　‧類皮質類固醇作用：單萜烯類（針葉樹）

　　‧冷卻：薄荷醇

③推薦精油（粗體字的精油會在第 6 章詳細介紹）

　　‧單萜烯類（針葉樹）：**黑雲杉**、**絲柏**、**杜松莓**

　　　　注意　女性荷爾蒙相關疾病患者（乳癌、子宮肌瘤等）以及孕婦請勿使用絲柏精油（234 頁 D、F）。

　　‧檸檬醛：**檸檬草**、山雞椒

　　　　注意　檸檬草精油會刺激皮膚，必須稀釋（233 頁 B）。

　　‧薄荷醇：**歐薄荷**

注意　嬰幼兒、孕婦、哺乳中、神經系統較弱的人、老年人和癲癇患者請勿使用歐薄荷精油（234 頁 E、F）。

④配方

[搔癢、蕁麻疹用油]

檸檬草 2 滴、歐薄荷 1 滴、植物油 5 毫升（3%）

適量塗抹在感到癢的部位。

③ 內出血造成的瘀青、傷口癒合速度慢

①原因

　　跌倒或手腳等部位碰撞到某處後形成紅色或紫色的內出血。擦傷與切割傷根據傷勢，有可能會在傷口閉合後發生顏色變深等癒合速度緩慢的情況，這可以說是細胞的代謝速度變慢的一個徵兆。

②對策
- ・修復傷口：酮類
- ・消除瘀青：義大利酮
- ・改善其他疼痛：酯類、苯甲醚類、萜烯醛類

③推薦精油（粗體字的精油會在第 6 章詳細介紹）
- ・酮類：歐薄荷、**馬鞭草酮迷迭香**、**永久花（蠟菊）**
- ・義大利酮：**永久花（蠟菊）**

注意　嬰幼兒、孕婦、哺乳中、神經系統較弱的人、老年人和癲癇患者請勿使用含酮類的精油（234 頁 E、F）。

- 酯類：**羅馬洋甘菊、真正薰衣草、苦橙葉**
- 萜烯醛類：**檸檬草、檸檬尤加利**、山雞椒、香茅
- 苯甲醚類：**羅勒**

注意　羅勒精油和萜烯醛類精油會刺激皮膚，必須稀釋（233 頁 B）。

④配方

[瘀青、復元速度慢的傷口]

真正薰衣草 4 滴、永久花（蠟菊）1 滴、馬鞭草酮迷迭香 1 滴、植物油 5 毫升（5%）

塗在瘀青的地方。

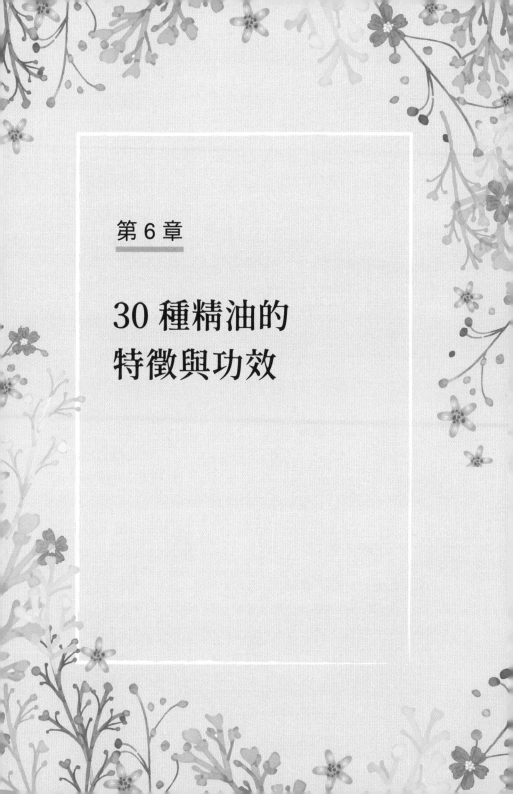

第 6 章

30 種精油的
特徵與功效

精油功效表的閱讀方法

【學名】

　　拉丁文（斜體）按照羅馬拼音發音就是正確的念法（C 發 K 的音）。

　　例 *Citrus sinensis*（甜橙）

　　為何需要學名呢？因為學名是全世界共通的正式植物（動物也是）名稱寫法。舉例來說，市面上販賣的月桂精油，有的名稱是寫法文的「Laurier」，有的則是寫英文的「Laurel bay leaf」。但任何一種只要加上學名「*Laurus nobilis*」，看的人就會明白全部都是同一種植物。

　　學名會像「*angustifolia*（細葉）」一樣表達出植物的模樣，或是像山茶花（椿油）一樣寫著日本國名（*japonica*），附帶一提剛才提到的甜橙學名中的「*sinensis*」是「來自中國」的意思，因為甜橙原產於中國。知道學名的由來，就會獲得了解這個精油的線索。

【水蒸氣蒸餾部位】【壓榨部位】

　　就算是同一株植物，根據蒸餾方法和部位（花朵、葉子或果皮等）的不同，含有的成分也會不一樣。蒸餾方法以水蒸氣蒸餾法為大宗，而柑橘類的果皮則是用壓榨法取得精油。不同的蒸餾方法能萃取到的成分也不同。

　　傳統上柑橘類果皮只會用壓榨法萃取精油，不過隨著蒸餾技術和機

械的進步，市面上用水蒸氣蒸餾法萃取的柑橘類果皮精油（尤其是日系精油）也增加了。

【植物介紹】

　　雖然裝入精油瓶之後，每一瓶看起來都長得一樣，不過只要想像一下作為原料的植物，就能得到使用方面的線索。舉例來說，植物長什麼樣子也是重要的要素之一。這時「精油形態學」這個學說就能派上用場了。例如，雖然乳香精油是從樹脂萃取出來的，但因為樹脂看起來很像傷口結痂，所以被認為對修復傷口有幫助。檸檬和柳橙等柑橘類的果實象徵著太陽，就像太陽耀眼的能量一樣，柑橘類精油的香氣被認為能給予我們生存的力量。

　　這部分就像這樣，針對作為精油原料的植物列舉出了生態特徵、有關的傳說和傳統的使用方法等各式各樣的資訊。希望能加深各位對精油的理解。

【成分】

　　列舉出精油主要含有的成分和具有特徵性的成分。

皮膚吸收途徑

　　將稀釋過的精油塗在皮膚上的時候，精油成分會經由下列途徑被吸收進體內。

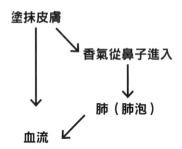

塗抹皮膚 → 香氣從鼻子進入 → 肺（肺泡） → 血流

塗在皮膚上的話，平均約 5％ 會進入血流中（最多約 10％）。不過，如果塗抹的是原液或高濃度精油（10％以上），皮膚就會以平均約 10～20％ 的高濃度吸收。雖然會得到更好的效果，但另一方面過敏等風險也會增加。一旦發生過敏，這個精油就不能再用了。因此，我建議先照著我介紹的配方從低濃度開始使用，感覺不到效果的時候再逐漸增加濃度。

另外，**不可輕易內服精油**。在法國，內服（經口攝取）也是把精油攝取到體內的方法之一。因此，法國的芳香療法課程當中，有一堂非常專業的課就是在教精油與藥物一起服用後產生的作用（藥物代謝動力學）。

在日本，關於精油內服還沒有充分的研究，而且體內發生的問題用眼睛看不到，再加上有很高的可能性會傷害肝臟等器官，所以並不建議內服。

嗅覺途徑

嗅聞精油香氣的時候，精油成分會經由下列途徑被吸收進體內。

鼻子（鼻腔黏膜）
↓
嗅上皮
↓
大腦（大腦邊緣系統→杏仁核→下視丘）

因為會直接將情報傳到大腦，所以會對精神狀態和疼痛（經由大腦感到的疼痛）等不適產生作用。另外，我也在這裡加上了用精油擴香吸入等療法減少細菌和病毒的效果。

塗抹皮膚讓成分進入體內跟嗅聞香氣的效果並不相同。如果只嗅聞能夠修復傷口的精油香氣但沒有塗在皮膚上，是不會有效果的。

【使用方法】

根據目的提供使用參考。

【適用】

分成兒童（3～15 歲）、成人（15 歲～一般成人）、老年人（75 歲～）和進入安定期後的孕婦（只有擴香是初期就能做的）四個族群來說明。兒童至老年人可以用這個表格當標準。具有強烈刺激性的精油需

要從成長狀況和健康狀態（尤其是免疫力）等來判斷是否能使用。另外，未滿三歲的嬰幼兒請勿使用精油。請仔細閱讀「關於禁忌（233頁）」。△記號代表此類人在使用那款精油時要特別注意健康狀態。

【調性】

根據香氣出現的快慢，分成前調、中調及後調。另外，也會介紹調配時的注意事項和適合搭配的精油。

另外，所謂「香脂調」指的是松香和樹脂這種厚重香甜的味道。而「香草調」指的則是像新鮮香藥草植物般的青澀味、清爽感、葉子的香氣和藥物般的味道。

【配方】

參考第 3～5 章介紹的配方頁碼。

【關於表格】

分成三個種類，以 10 階段來表示（以 0.5 為單位）。

如同下表一樣，標示出在作用最強的精油為 10 的情況下，每項精油的作用強度大約會是多少。

★只有少量，效果也很強；具有特徵性的功效，直接附加在作用的下方。

鎮靜	調整	滋補
2.5	4	2.5★

★鎮痛

［ 1. 依蘭 ］

調整平衡的效果第一名！
幫助釋放疼痛和壓力的南國花香

學名	*Cananga odorata*
水蒸氣蒸餾部位	花
主要產地	馬達加斯加

植物介紹

　　原產地為東南亞及大洋洲等熱帶地區。番荔枝科。樹高 12 公尺。花朵會從綠色慢慢轉變成黃色，香氣也會變濃。名稱源自於他加祿語「隨著微風搖曳的花」。自古以來就被當作香水的原料來使用，當地的女性會將依蘭花浸泡在椰子油當中，用來保養頭髮和皮膚。在印尼有在新婚的新床上鋪滿依蘭花瓣的習俗。另外，歐洲 1864 年左右流行的整髮產品馬卡髮油（Macassar Oil，具有調整皮脂分泌及生髮效果的護髮油）中，也使用了依蘭。

　　一棵樹能夠採到 10 公斤的花，並且能萃取到 2.5 公克的精油。一摘下花朵就立刻進行蒸餾。分成四次蒸餾，並依次數分成特級、一級、二級和三級。

　　依蘭像緞帶的花瓣、葉子和枝條都是下垂的，是令人彷彿能在南國的藍天之下解放身心的精油。

成分

酯類：鎮靜、恢復神經平衡、鎮痛、抗痙攣、抗發炎、降低血壓
β-石竹烯：鎮痛

塗在皮膚上的效果（皮膚吸收途徑）

〈**心理**〉改善緊張、不安、心情低落、神經過敏、憤怒和恐慌等神經系統的失調。

有愛情與精神方面的效果。還可幫助取回自信。

〈**身體**〉改善疼痛和自律神經系統失調。

〈**皮膚**〉改善油性肌膚和易發炎肌膚（調整皮脂分泌）、護髮。

使用時的注意事項

一般使用無注意事項（高濃度可能會引起頭痛。因為香氣濃郁，請一滴一滴慢慢添加使用）。

室內擴香之類的效果（嗅覺途徑）

在身心感到疲憊或心情無法保持平靜時，會使人達到深沉的放鬆。

使用方法

塗抹皮膚（可減緩肩頸痠痛、腰痛、胃痛、生理痛等疼痛以及季節轉變時的不適，另可用於調配放鬆用的按摩乳液或按摩油）

護膚／護髮（油性皮膚）

嗅覺療法（不安、恐慌或過度換氣的時候）

噴霧／香水／滾珠瓶／入浴劑（助眠、使心情平穩）

適用

成人　老年人

調性

中調

聞起來像茉莉花，濃厚又帶有異國風情的東方調甜美香氣。基本上花朵香氣的萃油率都很低，且非常濃縮。因為依蘭的香氣特別濃郁，所以請一滴一滴使用。跟同是花朵類的精油（玫瑰、橙花和羅馬洋甘菊）很搭。另外，與柑橘類精油（甜橙、橘子）混合後會讓香氣變得清爽，因此也很適合做搭配。

配方

高血壓（100 頁）

失眠（102、118 頁）

生理痛（112 頁）

熱潮紅（113 頁）

鎮靜	調整	滋補
2.5	4	2.5★

★鎮痛

[2. 甜橙]

如太陽般明亮清爽的柑橘類香氣，
讓心情變得開朗積極

學名	*Citrus sinensis* Sinensis 是「原產於中國」的意思。
壓榨部位	果皮
主要產地	義大利、巴西、摩洛哥

植物介紹

　　甜橙是一種原產於印度東北部的常綠喬木。西元前 500 年前傳入中國，在 10～11 世紀由阿拉伯人帶到歐洲。在歐洲被認為是富裕和幸運的象徵。巴黎凡爾賽宮內的橘園，是國王和貴族們在寒冷歐洲用來種植香藥草植物的溫室。法國的太陽王路易十四稱讚甜橙為「太陽的水果」。

　　日文名稱為「橙（だいだい，音讀 DAIDAI）」，發音來自於「代代繁榮」，將甜橙當作象徵富裕豐饒的吉祥物，在過年時有將甜橙製作成新年飾品裝飾在家中的習俗。

成分

單萜烯類：去除鬱滯、抗發炎、抗菌、抗病毒、促進消化
右旋檸檬烯：活化消化系統、檸檬烯可去除油汙

塗在皮膚上的效果（皮膚吸收途徑）

〈心理〉使心情變得開朗。舒緩身體的緊張、使人感到鬆一口氣。消除沮喪、緊張和壓力。

〈身體〉活化消化系統。改善便祕與消化不良。

〈**皮膚**〉卸妝。

〈**其他**〉清潔廚房等處的油汙。

使用時的注意事項

氧化速度很快，因此開封後請在半年內用完。如果要加進浴缸內，請務必使用 80 度以上的酒精或無香料入浴劑之類的乳化劑。

室內擴香之類的效果（嗅覺途徑）

清新香甜又清爽的柑橘類香氣如同太陽一樣使心情變得開朗。

能營造出積極向前的氣氛。防治感冒和流感。淨化室內。

這是一種不分男女老少都喜歡的味道，適合在各種場所使用。

使用方法

室內擴香（玄關或櫃檯等處。提振精神。防治感冒等疾病）

塗抹皮膚（改善便祕或消化不良的按摩油）

噴霧／香水／滾珠瓶／入浴劑（防治傳染病。消除緊張或沮喪）

護膚（卸妝油）

清潔廚房（油汙）

適用

成人　兒童　老年人　孕婦

調性

前調

清新香甜又清爽的香氣。調配時可以多加一點，否則香氣很容易就會消散（因為成分幾乎都是單萜烯類這種很輕的分子）。適合搭配各式各樣的精油。

配方

倦怠感（88 頁）

疲勞（104 頁）

經前症候群（110 頁）

經血難聞的味道（113 頁）

感冒（預防）（123 頁）

鎮靜	調整	滋補
		10

［3. 羅馬洋甘菊］

給予心靈陽光照射般的溫暖，以及不屈服於逆境
的強大能量，給心靈和身體帶來和平的神聖藥草

學名	*Chamaemelum nobile* Chamaemelum 來自於「大地的蘋果」
水蒸氣蒸餾部位	花
主要產地	法國

植物介紹

　　有著黃色花蕊的小白花，葉子和花都會散發香氣的菊科多年生草本植物。從古代開始人們就知道羅馬洋甘菊是有著穩定又具有確實藥效的藥草。古埃及人會拿羅馬洋甘菊來供奉太陽神，古希臘人會用來治療熱病和婦女病，希波克拉底則是把羅馬洋甘菊當作退燒藥（尤其針對發燒初期的發冷），這種植物在埃及、阿拉伯和歐洲等廣大地區受人尊敬至今。

　　花語是「不輸給逆境的堅強。」這句話從以前就被用來鼓勵處在逆境當中的人「每次被踩都要更加成長茁壯。」因為生命力強大，自古以來就很常被人們種植在庭院的小徑旁或長椅周圍。另外，羅馬洋甘菊因為會治癒附近生病的植物，所以也被稱為「植物的醫生。」

成分

酯類：鎮靜、抗發炎、鎮痛、恢復神經平衡

塗在皮膚上的效果（皮膚吸收途徑）

〈心理〉緩解中樞神經的興奮與緊張，使神經平靜，促進睡意。緩和不安、神經過敏、失眠、壓力和憤怒（興奮、恐慌或歇斯底里時）。過動和依賴症的照護。緩和神經障礙和假性延髓情緒（情緒調節障礙）引發的所有症狀。改善神經系統失調的效果第一名！

〈身體〉改善壓力伴隨而來的疼痛（慢性疼痛等）、壓力導致的問題（神經性胃炎等）、神經性氣喘、緊張性頭痛、肌肉痛、胃痙攣、生理痛和抽筋。

〈皮膚〉改善壓力伴隨而來的搔癢、濕疹和面皰等皮膚發炎症狀。

使用時的注意事項

無

室內擴香之類的效果（嗅覺途徑）

蘋果般香甜的溫柔香氣能夠讓心靈重新取回平衡、冷靜下來並放鬆。因為能抑制憤怒和興奮的情緒，所以也可用於照護依賴症（依存症）的問題（只要一覺得煩躁就聞香氣的嗅覺療法）。

使用方法

塗抹皮膚（抑制不安及興奮，壓力性胃痛、頭痛和肩頸痠痛等疼痛用按摩油或乳液）

噴霧／香水／滾珠瓶／入浴劑（緩解緊張、神經過敏、煩躁、失眠和恐慌）

護膚（搔癢肌、易發炎肌膚和面皰）

適用

成人　兒童　老年人　孕婦

調性

前調～中調

香甜清爽，像是未成熟蘋果的香氣。

適合搭配香草調和花香調的精油。花朵精油的萃油率都很低，且香氣濃郁，請一滴一滴慢慢添加使用。

配方

手腳冰冷、水腫（96 頁）

便祕（97 頁）

煩躁（101 頁）

失眠（102 頁）

早發性更年期（115 頁）

慢性疲勞（[晚上用] 116 頁）

搔癢（133 頁）

鎮靜	調整	滋補
7.5		

［4. 快樂鼠尾草］

能夠為心靈找回藍天，在改善月經問題方面不可或缺，
為女性而生的藥草

學名	*Salvia sclarea* 「sclarea」跟希臘語的「scarea（堅硬）」語源相同。此名稱來自於花朵尖端很硬的這項特徵。古羅馬人認為鼠尾草是「拯救並將人帶往治癒方向的藥草。」
水蒸氣蒸餾部位	花與莖葉
主要產地	法國、俄羅斯

植物介紹

　　原產於歐洲和中亞，具耐寒能力，生長於乾燥地區的唇形科二年生草本植物。是鼠尾草的同屬（但是藥用鼠尾草的鼠尾草精油毒性很強），日本名稱為南歐丹蔘。植株高約一公尺的大型鼠尾草。英文俗名中的「Clary」有著「明亮」的意思，因為快樂鼠尾草的種子曾經被用來製作眼藥，所以又稱「清澈的雙眼」。絨毛被認為是感測器，被嫩毛覆蓋的心型葉片可幫助容易受傷的女性清除內心的煩悶，並勇於做自己（第四脈輪・心輪）。

　　味道很有個性，因此客群的反應會很極端。很多人在月經前會覺得很好聞，但是月經來了之後就不這麼認為了。另外，比起年輕世代，更年期世代有更多女性喜歡快樂鼠尾草的味道，她們認為這是「聞起來有泥土味的沉穩香氣。」這個香氣還能讓人實際感受到身體狀況與嗅覺的關聯。

成分

酯類：鎮痛、恢復神經平衡、鎮靜、抗痙攣、抗發炎、降低血壓
快樂鼠尾草醇：類女性荷爾蒙雌激素作用

塗在皮膚上的效果（皮膚吸收途徑）

〈**心理**〉減輕荷爾蒙失調引起的經前症候群症狀和壓力（煩躁、不安或失眠等）。

〈**身體**〉改善生理痛、無月經、月經次數過少、經前症候群、更年期引起的諸多症狀（熱潮紅、身體發熱和高膽固醇）。

〈**皮膚**〉調整皮脂分泌，改善壓力造成的油性肌。

使用時的注意事項

乳癌等需用荷爾蒙治療的癌症患者、乳腺炎、懷孕中、子宮肌瘤等荷爾蒙相關疾病患者請勿使用。因為女性荷爾蒙濃度會隨著月經週期變化，所以請避免一個月內每天使用。快樂鼠尾草會讓經血量增多，因此平時就經血過多的人請勿使用（234 頁 D、F）。

室內擴香之類的效果（嗅覺途徑）

將經前症候群等時期常有的不安及煩悶一掃而空，讓心情恢復平靜。因不安或混亂而感到煩悶時，為心靈找回一片藍天。

使用方法

塗抹皮膚（放鬆、生理痛用按摩油）

入浴劑（放鬆）

適用

成人（尤其是更年期女性）　※孕婦請勿使用

調性

前調～中調

散發微微的甜味，令人印象深刻的沉穩香氣。

適合搭配薰衣草等酯類的精油。

配方

經前症候群（110 頁）

生理痛（112 頁）

更年期（113 頁）

鎮靜	調整	滋補
6.5	2.5	

★女性荷爾蒙

［5. 丁香］

花（苞）清甜又辛辣的嗆鼻香氣，
抗氧化能力第一名

學名	*Eugenia caryophyllus* Eugenia＝照顧女性健康與生產的專家，也就是「象徵助產師的樹」，精油從花苞萃取。花苞是花盛開前的狀態。因為花是植物的生殖器，所以跟人類的生殖，也就是生產有關。
水蒸氣蒸餾部位	花苞
主要產地	馬達加斯加

植物介紹

　　生長於熱帶至亞熱帶。可長到 15 公尺高的細長常綠喬木。因為花苞的形狀長得像釘子，英文名「Clove」和法文名「Clou」都是來自「釘子」這個單字。日文名「丁子」和中文名「丁香」中的「丁」都是釘子的意思。

　　香氣非常濃烈，從遠方（百里之外）就能聞到，因此也被稱為「百里香」。原產於被稱為「香料群島」的辛香料產地，印尼的摩鹿加群島。種植後五到六年才會開第一次花。丁香一開花之後香氣就會立刻消失，因此要在即將開花前以人工方式一朵一朵摘下。丁香被稱為是萬用香料，也是傳統用來治療外傷和牙痛的藥物。

　　印度和中國從西元前就用丁香來殺菌和消毒。丁香在聖德太子的時代從中國傳入日本。歐洲的丁香也是從中國傳入，並受到貴族們的珍視。

成分

酚類：強效抗感染（抗菌、抗病毒、抗真菌）、刺激免疫、滋補、抗寄生蟲、溫熱

丁香酚（Eugenol）：抗憂鬱、強效抗氧化

塗在皮膚上的效果（皮膚吸收途徑）

〈**心理**〉重振低落的心情。

〈**身體**〉增強病後虛弱的體力、改善牙痛。

〈**皮膚**〉防治皮膚傳染病（香港腳等）、抗老化。

〈**其他**〉驅趕蟑螂及老鼠。

使用時的注意事項

會對皮膚造成強烈刺激，請充分稀釋後再塗抹在皮膚上（233 頁 A、F）。請務必先進行貼布測試，皮膚脆弱的人請勿使用。丁香酚有讓子宮收縮的效果，在生產時可派上用場（注意：生產時以外的孕婦不能使用）。

室內擴香之類的效果（嗅覺途徑）

丁香酚的香氣能在心情低落時幫助提振精神。冬季天氣寒冷，心情也容易變差，因此更推薦搭配能讓心情開朗的柑橘類精油。

使用方法

室內擴香（抗感染、防治傳染病、改善低落的心情）

塗抹皮膚（牙痛、病後恢復期、肩頸痠痛和腰痛等疼痛用照護油或乳液）

護膚（防治香港腳等傳染病、抗老化）

清潔（驅趕廚房與玄關等處的蟑螂及老鼠）

適用

成人　老年人　兒童

調性

中調

也有人説聞起來像是「牙醫的味道」，是令人印象深刻的清甜辛辣香氣。少量使用會有淡淡的香藥草植物甜香，因此推薦搭配柑橘類的精油。

配方

慢性疲勞（ [早上用] 116 頁 ）
感冒（預防）（123 頁）

鎮靜	調整	滋補
		8★

鎮痛

［ 6. 絲柏 ］

幫忙回復平靜，
讓人平緩接受變化的針葉樹

學名	*Cupressus sempervirens* 「永遠翠綠（sempervirens）」表現出了常綠樹的特徵，象徵著永遠與不死，有些人會為了長壽而將木材帶在身上。在希臘神話中，因好友的死亡而傷心欲絕的庫帕里索斯（Cyparissus）被阿波羅變成了一棵絲柏樹，這就是屬名「Cupressus」的由來。花語是「死亡、哀悼」。
水蒸氣蒸餾部位	帶葉細枝與毬果
主要產地	法國、摩洛哥

植物介紹

　　日文名稱為西洋絲柏或義大利絲柏。原產於地中海，柏科，樹高 40 公尺，有著鱗狀葉片的常綠針葉樹。長度和耐久度適合當作宮殿與神殿的屋頂和柱子，散發出來的香氣更增添了莊嚴的氣息。材質堅硬又能防蟲，因此也被當作帝王棺材的材料和教會與寺院的建材。梵谷也很喜歡拿絲柏來當作繪畫題材。

　　自古以來就是神聖之木，神明「光之木」的象徵。在地中海東部的古文明中尤其活躍。經常被種在墓園裡，在葬禮上也被廣泛使用，有時也被視為冥界的象徵。

成分

單萜烯類：去除鬱滯、類皮質類固醇作用、抗發炎、抗菌、抗病毒
α-蒎烯：強壯；δ-3 蒈烯：止咳
淚杉醇：類女性荷爾蒙雌激素作用

塗在皮膚上的效果（皮膚吸收途徑）

〈**心理**〉使心情變得樂觀積極。讓人從悲傷中恢復。撫平創傷，緩和內心的失落感。能夠助人度過調職或搬家等巨大變化的時期，減輕對自身改變的恐懼，並且順應人生自然的發展。

〈**身體**〉消除水腫、手腳冰冷和血液循環不良引起的疼痛。改善更年期症狀、無月經、月經次數過少、月經不順和熱潮紅。改善咳嗽與氣喘。

〈**皮膚**〉抗老化的肌膚保養。透過調整排汗量和收斂作用達到除臭效果。

使用時的注意事項

荷爾蒙相關疾病患者請勿使用。也不推薦身體症狀跟女性荷爾蒙有緊密關聯的人使用（乳癌、乳腺炎、懷孕中、月經過多或子宮肌瘤等）（234 頁 D、F）。

室內擴香之類的效果（嗅覺途徑）

像在做森林浴般樹木的香氣，加深呼吸深度的同時還能平息怒氣。可讓精神安定，尤其是在朋友或親人去世這種危機的時刻。在迎接死亡時，能給予撫慰及力量。在經歷死別或近期有一段關係結束等難熬的時期也能給予支持。

使用方法

室內擴香（防治傳染病、集中注意力）
塗抹皮膚（改善水腫、幫助減肥、防治咳嗽）
護膚／護髮（抗皺用油）
噴霧／香水／滾珠瓶／入浴劑（防治咳嗽和水腫、使心情安定）

適用

成人（特別是更年期的女性）

調性

中調

像在做森林浴般樹木的香氣。適合搭配杜松莓、歐洲赤松等針葉樹和柑橘類的精油。

配方

手腳冰冷、水腫（87 頁）

咳嗽、氣喘（93 頁）

經前症候群（110 頁）

鎮靜	調整	滋補
	★	9

★女性荷爾蒙

[7. 中國肉桂]

抗感染力與溫熱能力第一名！
用甘甜的肉桂香氣讓你精力充沛

學名	*Cinnamomum cassia*
水蒸氣蒸餾部位	帶葉細枝
主要產地	越南、中國

植物介紹

　　中國產的肉桂又稱桂皮，樹皮很厚，會散發出溫潤又甘甜的濃厚香氣。原產於中國，樟科熱帶常綠樹。夏天會開出帶有奶油色澤的白色小花。肉桂被稱為是世界上最古老的香料，被世界各地的人當作辛香料或藥物使用至今。古埃及人也會拿肉桂來當作木乃伊的防腐劑。

　　生藥的桂皮（樹皮）能夠去除體寒，促進血液循環，有名的感冒藥「葛根湯」內也含有桂皮。另外日本的藥局也會把桂皮當作芳香性健胃藥，用來改善食慾不振和消化不良等問題。

　　在歐洲會將肉桂區分成錫蘭肉桂（*Cinnamomum verum*）和中國肉桂（*Cinnamomum cassia*）這兩種香料來使用，不過在日本兩種都稱為肉桂。

成分

芳香醛類：強效抗感染（抗菌、抗病毒、抗真菌）、刺激免疫、滋補、溫熱

桂皮醛類（Cinnamic aldehydes）：催經

塗在皮膚上的效果（皮膚吸收途徑）

〈**心理**〉溫暖虛弱的內心，恢復元氣。讓憂鬱的心情和內心變得開朗。

〈**身體**〉讓虛弱的機能與各器官變強壯，活化消化系統。

去除體寒，改善手腳冰冷和水腫，幫助減肥，促進代謝。增強性能力，改善無月經和更年期的問題。

〈**皮膚**〉預防乾裂發紅及凍傷。改善皮膚的感染症狀和香港腳。

使用時的注意事項

對皮膚的刺激最強，因此使用時請控制在極少量。請務必先進行貼布測試，皮膚脆弱的人請勿使用。香豆素（Coumarin）具有肝毒性，因此請勿高濃度及長期使用。孕婦和嬰幼兒請勿使用（233 頁 A、D、F）。

室內擴香之類的效果（嗅覺途徑）

防治傳染病。少量使用可帶來甜蜜溫暖的舒服感受。

使用方法

室內擴香（寢室內的傳染病防治，也可用在想讓氣氛變溫暖的時候）

塗抹皮膚（病後疲勞恢復、消化不良、手腳冰冷、減肥、凍傷照護用油）

護膚（防治香港腳等傳染病用油）

適用

成人　老年人△

調性

中調

像甜點一樣甘甜，辛辣且帶有溫潤感的香氣。

香氣非常濃烈，只要一滴就足夠。建議在自家房間或寢室等，周圍沒有其他人的地方使用。

配方

手腳冰冷、水腫（重度）（87 頁）

腹瀉（94 頁）

鎮靜	調整	滋補
		8.5

［8. 杜松莓］

淨化心靈和體內多餘的東西，
帶來活力的清醒之樹

學名	*Juniperus communis* Juniperus 是刺柏屬的總稱
水蒸氣蒸餾部位	果實與細枝
主要產地	法國等地
植物介紹	

　　柏科刺柏屬是在北半球的亞熱帶至北極圈內生長範圍最廣的針葉樹。最有名的就是杜松。自然生長在荒野、荒地、山的斜面與寒冷地區，樹高 10 公尺，葉片堅硬且尖端尖銳有如針狀的常綠針葉樹。藍色的毬果三年後會成熟變成黑色。

　　歐洲至今仍留著將獻給土地神靈的供品放在杜松樹下的古老風俗。德文的 Wacholder（刺柏）是「清醒之樹」的意思，被認為是如同人間與靈界的橋樑看守著兩邊的守護者。在過去的幾千年，巴比倫尼亞、埃及、西藏和美國原住民等各種部落，都會使用杜松當作儀式用的薰香和淨化的道具。歐洲有個傳說是只要把杜松掛在家門上，就會保佑家中成員遠離邪惡力量和懷有惡意的人。

　　法國傳統上會使用杜松莓刺激腎臟以增強體內機能，尤其是病後恢復期身體排出老舊廢物的能力衰退的時候。用杜松莓製作出的琴酒香氣很有名，也常被用來替肉類和填塞料理增添風味。使用乾燥杜松果實泡的香藥草茶則是有名的利尿茶。

成分

單萜烯類：去除鬱滯、類皮質類固醇作用、抗發炎、抗菌、抗病毒

蒎烯：滋補

對傘花烴（p-Cymene）、β-石竹烯：強力鎮痛

塗在皮膚上的效果（皮膚吸收途徑）

〈心理〉清洗掉多餘的感情，淨化負面消極的感情，讓人從沮喪中恢復。

〈身體〉改善水腫、手腳冰冷、肩頸痠痛等血液循環不良引起的疼痛、類風溼性關節炎、關節炎和坐骨神經痛。讓胃溫暖，促進消化。

使用時的注意事項

不建議孕婦使用（因為杜松傳統上是用來避孕的藥用植物）。

室內擴香之類的效果（嗅覺途徑）

驅散持續混濁停滯的感情，保護使用對象不受負面感情和想法干擾的守護作用。洗刷多餘的感情，讓冷靜的思考能力回歸，強化神經功能，帶來不屈不撓的精神與覺悟。

使用方法

室內擴香（淨化內心、預防與控制傳染病）

塗抹皮膚（改善水腫、幫助減肥、肩頸痠痛、腰痛、關節炎和膝蓋痛等疼痛照護用油）

噴霧／香水／滾珠瓶／入浴劑（防治傳染病、想讓身心舒暢的時候）

適用

成人　老年人

調性

前調

微微的苦味混著讓人想到森林的針葉樹香氣。適合搭配絲柏等同為針葉樹類和柑橘類的精油。

配方

手腳冰冷、水腫（87 頁）

慢性疲勞（[早上用] 116 頁）

鎮靜	調整	滋補
		8★

★鎮痛

［9. 生薑］

溫熱消化系統並增強消化功能！
改善消化器官不適能力第一名

學名	*Zingiber officinale* Officinale 為藥用的意思。生薑的梵文「SINGAVERA」意為「角狀」，是因為根部的形狀長得像鹿角。
水蒸氣蒸餾部位	根莖
主要產地	中國、印尼、馬達加斯加、非洲
植物介紹	

　　原產於東南亞的熱帶多年生植物。草高 60～120 公分。生薑是從根部蒸餾精油。根部會吸收土壤中的營養，並且儲存光合作用的養分。生薑的根部很粗，吸收營養的能力很強，所以最適合用來改善消化系統的問題。

　　從西元前開始，生薑就被當成藥草栽種。10 世紀的歐洲人把生薑視為東洋的貴重香料並且用高價買賣，因此能嚐到生薑美味的只有一部分特權階級的人。現在因為生薑有著萬能的養生效果，所以被廣泛地使用在世界各地的料理中，而中醫則是利用生薑如火般辛熱的性質，來改善腹瀉或黏膜發炎等體內無法順利排掉濕氣的情況。熱薑茶能夠從根本溫熱身體，給予活力，活化消化系統的內臟器官，因此能夠消除食慾不振、消化不良、腹脹感和腹部氣體過多等症狀。

　　在東方醫學中，生薑具有補腎氣的作用，可作為增強精力的強壯劑治療慢性疲勞和性冷感。生薑的根部長期被用在感冒或發燒發冷時幫助促進流汗並化痰。乾燥的生薑稱為乾薑，主要的功能是增加體內的陽氣。

成分

倍半萜烯類（－）：鎮靜、抗發炎

薑烯：促進消化

β-水芹烯（β-Phellandrene，又稱β-水茴香萜）：抗黏膜炎

塗在皮膚上的效果（皮膚吸收途徑）

〈**心理**〉溫暖徹底冰冷的心，給予往前踏出一步的勇氣。提高生命力。增加體內的能量，使人有勇氣。

〈**身體**〉改善反胃和消化不良等消化系統的所有問題。止咳。

使用時的注意事項

無

室內擴香之類的效果（嗅覺途徑）

理解自己身處的情況，獲得面對困難的堅強。提高生命力，給予勇氣。

支持我們朝著目標努力（像接地一樣讓身體緊貼地面並向下扎根的冥想儀式）。

使用方法

塗抹皮膚（改善手腳冰冷、消化系統照護用油或乳液）

噴霧／滾珠瓶（改善反胃、暈車或孕吐）

入浴劑（手腳冰冷、咳嗽）

適用

成人　老年人　※兒童及孕婦請勿使用

調性

中調

沉穩又帶點溫暖的辛辣根部香氣。

外國產的生薑精油和日本產的生薑精油香氣不同，日本產的香氣比
較清爽，會改變一般人對生薑的印象。適合搭配柑橘類等香氣清新
的精油。

配方

腹瀉（**94** 頁）

便祕（**97** 頁）

鎮靜	調整	滋補
6.5		2.5

［ 10. 天竺葵 ］

保養肌膚時不可或缺，
玫瑰般的香氣

學名	*Pelargonium x asperum* 屬名來自於果實形狀長得像鸛（希臘文 pelargos）。 「asperum」則是充滿起伏的土地。
水蒸氣蒸餾部位	葉子
主要產地	埃及、中國、馬達加斯加

植物介紹

　　自生於溫帶至熱帶。不耐寒，草高 1 公尺的牻牛兒科多年生常綠植物。原產於埃及和中國，在阿爾及利亞和馬達加斯加被廣泛栽培。粉色系的花沒有香氣，精油從葉片萃取。17 世紀後半從南非輸出到歐洲，因為散發著如玫瑰般香甜的花朵香氣，所以主要被種來當作男性香水的原料。

　　氣味高雅，聞起來像玫瑰，因此被廣泛使用於香水與美容。從以前就被視為有著優秀治癒能力的植物，也常被用來當作創傷、腫瘤和骨折的藥。

成分

單萜醇類：廣泛的抗感染（抗菌、抗病毒、抗真菌）、調節免疫力、滋補神經

醇類：鎮靜、恢復神經平衡、鎮痛、抗痙攣、抗發炎、降低血壓

牻牛兒醇（Geraniol）：抗焦慮、收斂、使子宮收縮

香茅醇（Citronellol）：驅趕蚊蟲

酮類：促進膽汁分泌、化痰、溶解黏液、溶解脂肪、治癒創傷

塗在皮膚上的效果（皮膚吸收途徑）

〈**心理**〉減輕壓力與不安，改善低落的心情。

〈**身體**〉改善關節炎和自律神經系統失調。

〈**皮膚**〉保養肌膚、抗老化、抗皺，改善搔癢肌，促進切割傷和燒燙傷的癒合，防治香港腳等真菌疾病，防蚊。

使用時的注意事項

無。但有一種說法是就算牻牛兒醇含量不多，懷孕初期還是避免使用比較好。

室內擴香之類的效果（嗅覺途徑）

聞起來像玫瑰般香甜的香草調香氣，可提振低落的心情。適合在感覺到身心無法取得平衡時使用。

使用方法

塗抹皮膚（更年期和經前症候群的照護）

護膚／護髮（保養皮膚、抗老、面皰肌、多汗肌、切割傷和燒燙傷的照護、防治香港腳等皮膚傳染病用油或乳液）

噴霧（防蚊噴霧）

適用

成人　老年人　兒童

調性

中調

如玫瑰般香甜濃厚的花香調帶一點綠葉調的香氣。

適合搭配玫瑰、橙花等花香調和柑橘類的精油。

配方

搔癢肌（133 頁）

抗老化（132 頁）

鎮靜	調整	滋補
1.8	6	

[11. 茶樹]

充滿著生命力，提高免疫力不可或缺，
天然抗生素

學名	*Melaleuca alternifolia* 「mela」是黑色，「leuca」是白色，屬名來自於細小的白花與偏黑的樹皮。「alternifolia」是互生的意思。
水蒸氣蒸餾部位	葉子
主要產地	澳洲、南非

植物介紹

　　原產於澳洲，生長於亞熱帶濕潤的土壤，樹高 10 公尺的桃金孃科小喬木。生命力非常強，砍倒樹幹後，過兩年又能再次採伐。1770 年登陸澳洲大陸的英國庫克船長看到澳洲原住民用此樹的樹葉煮茶喝，因此將這種樹取名為「茶樹」。從四千多年前，澳洲原住民就會使用茶樹來治療感冒、喉嚨痛和頭痛。消毒效果很好，能夠預防大範圍的傳染病，因此在第二次大戰時，也被用來治療受傷的士兵。

　　跟傳染病有關的茶樹研究非常多。

成分

單萜醇類：廣泛的抗感染（抗菌、抗病毒、抗真菌）、調節免疫力、滋補神經

萜品烯-4-醇（Terpinen-4-ol）：滋補副交感神經、抗發炎

單萜烯類：去除鬱滯、類皮質類固醇作用、抗發炎、抗菌、抗病毒

塗在皮膚上的效果（皮膚吸收途徑）

〈心理〉提振精神。

〈身體〉預防傳染病，消除免疫力下降引起的疲勞和疲累。口腔照護（口內炎、嘴唇疱疹、牙周病和牙齦炎）。

〈皮膚〉改善面皰肌、濕疹、富貴手。舒緩蚊蟲叮咬。香港腳等受感染的皮膚照護。保護放射線治療患者的皮膚。

使用時的注意事項

氧化後容易變成會刺激皮膚的物質，因此請盡快用完（通常開封後的保存期限是一年，但茶樹精油建議在短於一年的時間內用完）。肌膚敏感的人請大量稀釋後再使用（雖然傳統的用法是使用純劑，不過近年來已發現需要注意）。

室內擴香之類的效果（嗅覺途徑）

防治傳染病（也可在就寢時使用）。提振精神。使心情平靜。

使用方法

室內擴香（防治傳染病、提振精神、從無法冷靜的狀態下恢復）

塗抹皮膚（提高免疫力、預防感染用油或乳液、口腔照護用漱口水）

噴霧（防治傳染病的口罩噴霧）

護膚（面皰、改善富貴手用油、防治香港腳等傳染病）

適用

成人　老年人　兒童

調性

前調

帶有葉片清爽感和如藥物般苦味的香氣。

適合搭配香草調香氣（尤加利、歐薄荷）和柑橘類的精油。

配方

感冒（預防）（123 頁）

花粉症（124 頁）

鎮靜	調整	滋補
	4.5	4.5

[12. 橙花]

恢復活著的喜悅，喚回幸福的感覺，
天然的精神安定劑

學名	*Citrus aurantium ssp. Amara*
水蒸氣蒸餾部位	花
主要產地	突尼西亞、摩洛哥、義大利
植物介紹	

　　原產於印度的芸香科常綠樹苦橙的花朵。被種植在所有地中海型氣候的區域。人們相信將剛摘下或乾燥的橙花放進洗澡水中能夠提升魅力。

　　白色橙花自古以來就被當作處女的象徵，代表「結婚的喜悅」或「幸福與喜悅」的香包中都會放入橙花。橙花被稱為天然的精神安定劑，幫助感情或情緒取得平衡的能力超群。根據「精油形態學」的說法，對應頭部的花朵會對人的心靈與精神發揮作用。

　　17 世紀的皮革製品因為帶有動物的惡臭，所以人們會將苦橙花製成的香水噴在皮手套上掩蓋臭味。法國南部皮手套產業興盛的格拉斯，是第一個拿苦橙花來生產香水原料的地區，這也成為了後來奠定格拉斯香水原料產業的一塊基石。因為義大利的奈洛麗（Nerola）公主將有加入橙花的香水推廣至社交界，所以橙花才會被取名為「Neroli」。

成分
單萜醇類：廣泛的抗感染（抗菌、抗病毒、抗真菌）、調節免疫力、滋補神經
單萜烯類：去除鬱滯、類皮質類固醇作用、抗發炎、抗菌、抗病毒
沉香醇（Linalool）、牻牛兒醇：抗焦慮

塗在皮膚上的效果（皮膚吸收途徑）

〈**心理**〉治癒低落的心情和憂鬱狀態。

〈**身體**〉改善壓力引起的食慾不振。

〈**皮膚**〉調理老化肌膚或乾燥肌膚。

使用時的注意事項

無

室內擴香之類的效果（嗅覺途徑）

恢復「活著的喜悅」，喚醒幸福的感覺。治癒低落的心情和憂鬱狀態，壓力過大時也適合使用。使人冷靜、鎮靜、幫助睡眠。

使用方法

室內擴香（治癒低落的心情、消除壓力）

塗抹皮膚（恐慌、恐懼、恐懼症的來襲、壓力大、失眠、情緒上的苦惱、不安、神經衰弱、很難入睡的時候）

噴霧／香水／滾珠瓶／入浴劑（改善失眠、消除壓力）

護膚（抗老化用）

適用

成人　老年人

調性

中調

甜中帶著一點苦的花朵香氣。

適合搭配花朵（玫瑰、薰衣草）、柑橘類（柳橙、橘子）和苦橙葉精油。

配方

倦怠感（88 頁）

壓力時期的肌膚保養（132 頁）

鎮靜	調整	滋補
1.5	4	2★

★使交感神經佔優勢

[13. 羅勒（甜羅勒）]

消除疲勞、緩解疼痛的香藥草之王

學名	*Ocimum basilicum* 學名的「basilicum」來自拉丁文「basileus」，意思是「國王」，因為羅勒被稱為「香藥草之王」。以前羅勒被當成淨化（驅魔）的香藥草種植在王室的庭院裡，所以長期被用來當作淨化用的入浴劑。希臘文的「basiliskos」意思是「小國王」。羅馬神話中登場的巴西利斯克（Basilisk）是沙漠中的蛇王，傳說只要被他注視就會死亡。
水蒸氣蒸餾部位	花與莖葉
主要產地	印度、越南
植物介紹	

　　原產於印度。草高 60 公分左右的唇形科多年生草本植物（在日本是一年生）。據說羅勒的種類有 150 種以上，在製作義式料理等菜餚時很常會用到甜羅勒。

　　在印度，聖羅勒（Ocimum sanctum）被認為是最神聖的植物之一，大部分的家庭都有種植。寺院內每天都必須澆水並且將羅勒葉獻給神明。聖羅勒的主成分為丁香酚，日文名為「目箒」。羅勒的種子吸收水分後，會從外側變成膠狀。這個膠狀物質是能夠去除眼睛髒汙的眼藥，因此被稱為「目箒」。自古以來就被人們拿來治療呼吸系統的傳染病和消化障礙等症狀。到 16 世紀為止，羅勒普遍被用於改善頭痛、偏頭痛和鼻子的感冒症狀，另外，人們也會吸入羅勒的香氣來消除精神上的疲勞，使腦袋清醒。

成分

苯甲醚類：強效抗痙攣、鎮痛、抗發炎

甲基醚蔞葉酚（Methyl chavicol）：促進消化

塗在皮膚上的效果（皮膚吸收途徑）

〈心理〉想消除頭腦的疲勞或精神上的疲勞時（調節自律神經）。

〈身體〉改善消化系統的問題（胃痙攣、胃炎、消化不良、肝炎）。緩解咳嗽、氣喘、胃痙攣、抽筋、肌肉攣縮和生理痛等。適用自律神經失調、時差、夜班工作時。

使用時的注意事項

會刺激皮膚，請大量稀釋後再使用（233 頁 B）。

室內擴香之類的效果（嗅覺途徑）

淨化精神上的疲勞與煩悶、想要提振精神的時候。藉由確立自己內心的理想與使命，能達到有效的自我調整。

使用方法

塗抹皮膚（咳嗽、氣喘、胃痙攣、抽筋、肌肉攣縮、生理痛照護用油或乳液。自律神經失調、時差、夜班工作用油）

滾珠瓶／入浴劑（手浴、想要提振精神的時候）

適用

成人

調性

前調～中調

具有特徵的香氣，就算少量也很明顯。

適合搭配歐薄荷等清爽的香草調香氣和柑橘類的精油。

配方

偏頭痛（90 頁）

咳嗽、氣喘（93 頁）

腹瀉（94 頁）

時差、生理時鐘失調（105 頁）

鎮靜	調整	滋補
	8.5★	

★鎮痛

[14. 苦橙葉]

使神經平靜，
能幫助取回安穩的自己的香氣

學名	*Citrus aurantium ssp. amara*
水蒸氣蒸餾部位	葉子
主要產地	義大利

植物介紹

　　原產於中國，芸香科，樹高 5 公尺的灌木植物苦橙的葉子。樹齡 20 年以上的苦橙，花朵可萃取到橙花精油，果皮可萃取到苦橙精油。

　　苦橙是甜橙的近緣種，苦橙更接近原種。日文名稱為「橙（苦橙）」，來自於「代代繁榮」的意思，日本有項習俗是在過年時將甜橙當作象徵富裕的吉祥物，製作成新年飾品裝飾在家中。

　　苦橙葉的英文「petitgrain」來自於「小（petit）」和「穀粒（grain）」，因為以前都是在果實成熟前還如小顆粒般的狀態下就採收。

成分

酯類：鎮靜、恢復神經平衡、鎮痛、抗痙攣、抗發炎、降低血壓
鄰氨基苯甲酸甲酯：類血清素作用
單萜烯類（柑橘）：去除鬱滯、抗發炎、抗菌、抗病毒、促進消化
檸檬烯：促進腸胃蠕動
單萜醇類：廣泛的抗感染（抗菌、抗病毒、抗真菌）、調節免疫力、滋補神經
α-萜品醇（α-Terpilenol）：誘眠
沉香醇（Linalool）：抗焦慮、鎮靜、降血壓

塗在皮膚上的效果（皮膚吸收途徑）

〈**心理**〉適用於憤怒或興奮的時候。不安、擔心或緊張的時候，情緒無法取得平衡的時候。精神上感到疲勞，難以入眠的時候。

〈**身體**〉減輕壓力造成的疼痛和疼痛的惡化。改善自律神經失調。幫助解決壓力性胃炎和胃痛等壓力造成的消化器官問題。

〈**皮膚**〉推薦油性肌膚的人使用。

使用時的注意事項

無

室內擴香之類的效果（嗅覺途徑）

因緊張或壓力導致難以入眠時。

根據「精油形態學（植物的各部位代表著人體同部位的特性之學說）」的說法，一樣是從苦橙樹萃取，對應到頭部的花（橙花）精油能夠影響人的內心與精神，相對地，從葉子萃取的苦橙葉精油就跟思考與意識有關聯，可在想要讓意志或思考清晰的時候使用。

使用方法

室內擴香（緩解壓力、緊張、失眠、過度興奮和發燒，尤其推薦孕婦及兒童使用）

塗抹皮膚（壓力性腸胃炎、止咳、自律神經失調照護用油或乳液）

噴霧／香水／滾珠瓶／入浴劑（減輕壓力及興奮感、調節自律神經）

適用

成人　老年人　兒童　孕婦

調性

前調～中調

讓人聯想到柑橘的木質調綠葉香氣。也被用來製作男性香水。

適合搭配柑橘類和香草調（薰衣草、迷迭香）的精油。

配方

肩頸痠痛、頭痛（98 頁）

高血壓（100 頁）

失眠（102、118 頁）

經前症候群（110 頁）

慢性疲勞（116 頁）

鎮靜	調整	滋補
5.5	3.5	1

［ 15. 黑雲杉 ］

培養強韌的生命力，幫助我們在嚴峻環境中
也能堅強存活的光之樹

學名	*Picea mariana* 「Picea」是雲杉屬的總稱。
水蒸氣蒸餾部位	針葉
主要產地	加拿大

植物介紹

　　松科常綠針葉樹有著能夠適應北方嚴峻環境的能力，-65 度的氣溫下也能生存。北方的森林界線通常都是黑雲杉，再往北就是苔原地帶了。

　　日文名為黑唐檜。雲杉被認為是從生長在山的斜面或溼地，松科的 30 公尺常綠喬木卵果魚鱗雲杉（*Picea jezoensis var. ajanensis*）變化而來的。從古代開始，雲杉屬的樹木就常被人們製作成長型的木材來使用，最常見的就是船上的桅杆。另外，因為雲杉對振動的共振性良好，因此也會被拿來製作樂器。在遠古時代人們就會使用雲杉來治療痛風、風濕病、咳嗽和感冒等呼吸器官的感染。

　　對於中亞阿爾泰山脈的原住民而言，高大的雲杉樹是連結天上界（精神世界）、地上界（俗世）和地下界（黃泉之國、死者的世界）三個世界的世界樹。

　　在日本作為聖誕樹最有名的是德國雲杉。聖誕樹是「光之樹」，而且自古以來歐洲人就會使用常綠樹當作冬天節慶的裝飾。

成分

酯類：鎮靜、恢復神經平衡、鎮痛、抗痙攣、抗發炎、降低血壓

單萜烯類（針葉樹）：去除鬱滯、類皮質類固醇作用、抗發炎、抗菌、抗病毒

δ-3 皆烯：止咳

塗在皮膚上的效果（皮膚吸收途徑）

〈心理〉想要有精神的時候。能讓內心充滿活力的香脂調香氣。

〈身體〉適用於病後恢復、消除疲勞。能改善咳嗽、氣喘、肩頸痠痛、腰痛、手腳冰冷和水腫。

〈皮膚〉改善搔癢肌。

使用時的注意事項

無

室內擴香之類的效果（嗅覺途徑）

幫助虛弱的內心振作，使人恢復元氣。防治傳染病。

使用方法

室內擴香（防治傳染病、讓虛弱的內心充滿活力）

塗抹皮膚（身心的疲勞、咳嗽、水腫、肩頸痠痛和腰痛的照護用油或乳液）

噴霧／香水／滾珠瓶（消除身心的疲勞）

護膚（改善搔癢肌和易發炎肌膚）

適用

成人　老年人　兒童

調性

中調

聞起來類似日本冷杉的香脂調香氣。適合搭配針葉樹香氣的精油。

配方

倦怠感（88 頁）

咳嗽、氣喘（93 頁）

早發性更年期（115 頁）

慢性疲勞（[早上用] 116 頁）

搔癢肌（133 頁）

鎮靜	調整	滋補
2.5		6

[16. 乳香]

與神明連結的神聖香氣

學名	*Boswellia carterii*
水蒸氣蒸餾部位	樹脂
主要產地	索馬利亞、西班牙
植物介紹	

　　原產於中東，生長於乾燥的半沙漠地區，樹高 7 公尺的橄欖科灌木植物。乳香（frankincense）的名稱來自於中世紀法國，「frank」＝「真實、神聖」；「incense」＝「香氣、薰香」。

　　阿拉伯半島的阿曼生產的乳香被認為是品質最高級的乳香，阿曼的「乳香之路」在西元 2000 年被登錄為世界文化遺產。

　　精油是由劃開樹皮後流出的乳白色樹脂蒸餾而成。日文名稱「乳香」的由來就是來自這個乳白色的樹脂。根據「精油形態學」的說法，乳香就跟皮膚受傷後形成的「結痂」一樣，擔任修復皮膚傷口的職責。另外，因為乳香的樹生長在半沙漠這種嚴峻的環境中，所以也被認為能在遇到殘酷考驗時修復內心的傷口。

成分

單萜烯類（針葉樹）：去除鬱滯、類皮質類固醇作用、抗發炎、抗菌、抗病毒

α-蒎烯：滋補

α-水芹烯：止咳

倍半萜烯類（＋）：滋補、刺激

β-石竹烯：強效鎮痛

塗在皮膚上的效果（皮膚吸收途徑）

〈**心理**〉鎮定不安與恐慌之類的情緒，強化精神。使人從低落的心情或壓力中恢復。

〈**身體**〉防治咳嗽和感冒等傳染病。

〈**皮膚**〉調理乾燥肌膚和老化肌膚。治療傷口和乾裂發紅。

使用時的注意事項

無

室內擴香之類的效果（嗅覺途徑）

使內心平靜，誘導人進入祈禱和冥想。教會的葬禮上會使用乳香當作薰香，目的是為了讚美故人與神明，並且讓靈魂成為更高階的存在。因為人們會焚燒乳香來驅趕惡靈，所以可用在想停止為過去煩惱，讓心情煥然一新並修正人生軌道的時候。想淨化心靈時也可以使用。

使用方法

室內擴香（壓力、興奮、鎮痛用、防治傳染病、用於病房。用於冥想。）

塗抹皮膚（壓力、鎮靜用油或乳液）

噴霧／香水／滾珠瓶／入浴劑（止咳、防治傳染病、消除壓力、鎮靜、冥想）

護膚（消除壓力用、抗老化用、富貴手用油或乳液）

適用

成人　老年人　兒童

調性

中調

比其他樹脂輕盈,還帶點華麗感,沉穩的香脂調香氣。

適合搭配辛香料類(肉桂、丁香)、樹脂類(沒藥)、柑橘類和花朵類精油。

配方

壓力時期的肌膚保養(132 頁)

鎮靜	調整	滋補
		8★

★鎮痛

[17. 歐薄荷]

能夠讓憤怒、興奮、痛苦和搔癢感冷卻下來，
使人平靜的香藥草

學名	*Mentha x piperita*
水蒸氣蒸餾部位	花與莖葉
主要產地	法國、印度
植物介紹	

　　水薄荷和綠薄荷的雜交種。唇形科的多年生草本植物。從以前就被用來改善消化系統問題的藥草。

　　希臘神話中冥王黑帝斯心愛的妖精蜜絲（Mentha）受到冥王妻子的嫉妒，被詛咒變成了薄荷。冥王黑帝斯為了緩和薄荷內心的痛苦，便賜給了薄荷香氣。在那之後，薄荷香氣就被説是能夠魅惑世人的味道。

　　是繼檸檬和柳橙之後，世界上人氣排第三名的精油。（芳療常用的薄荷精油分為歐薄荷、日本薄荷和青葉薄荷）

成分

單萜醇類：廣泛的抗感染（抗菌、抗病毒、抗真菌）、調節免疫力、滋補神經

薄荷醇：鎮痛、冷卻

酮類：促進膽汁分泌、化痰、溶解黏液、溶解脂肪、治癒創傷

塗在皮膚上的效果（皮膚吸收途徑）

〈**心理**〉提高專注力、冷靜、平息怒氣、緩和興奮情緒。

〈**身體**〉鎮痛作用、緩解偏頭痛或鼻塞。改善消化系統問題。

〈**皮膚**〉消除燥熱感、改善搔癢肌。

使用時的注意事項

嬰幼兒、孕婦、哺乳中、神經系統較弱的人（老年人）和癲癇患者請勿使用（234 頁 E）。不適合用於全身按摩和入浴（會讓全身感覺到寒冷）。

請勿在有貓或幼犬的房間內擴香（尤其是貓，因為貓無法代謝酮類）。

室內擴香之類的效果（嗅覺途徑）

靠著薄荷醇的作用提高專注力、冷靜、平息怒氣、緩和興奮情緒。

使用方法

室內擴香（專注與提振精神用、用於念書的房間或工作室）

塗抹皮膚（偏頭痛、鼻塞、搔癢感和疼痛用油、凝膠或乳液）

噴霧／香水／滾珠瓶（專注與提振精神用）

護膚（改善搔癢肌或發炎）

其他（驅趕蟑螂、清潔廚房）

適用

成人　※老年人、兒童及孕婦請勿使用

調性

中調

甘甜又帶有清潔感的薄荷醇香氣。適合搭配柑橘類的精油。

配方

偏頭痛（90 頁）

過敏引起的搔癢（124、133 頁）

時差、生理時鐘失調（105 頁）

熱潮紅（113 頁）

花粉症（124 頁）

鼻塞（126 頁）

蕁麻疹（135 頁）

鎮靜	調整	滋補
	7.5★	

★冷卻

[18. 永久花（蠟菊）]

有著永恆生命之名，
抗老化能力第一名

學名	*Helichrysum italicum ssp. Serotinum*
水蒸氣蒸餾部位	花與莖葉
主要產地	法國、斯洛維尼亞、巴爾幹半島、波士尼亞、義大利

植物介紹

原產於歐洲南部。菊科常綠樹。只有 60 公分高的小型灌木植物。

作為香藥草的「咖哩草」以及「麥桿菊」這兩種名字也廣為人知。園藝種有許多變種。植物本身的花香就如同「咖哩草」這個名字一樣，聞起來像咖哩，因此常被用來替料理增添香氣。長得像薰衣草的葉子呈現銀色，夏天綻放的金黃色小花就算乾燥後也不會褪色，所以也會被拿來做乾燥花。據說是聖約翰（耶穌門徒之一）喜愛的花，花語是「永遠的回憶」。

永久花精油有著沉穩的香氣，會令人聯想到香甜的蜂蜜。讓血管恢復年輕的效果超群，因此有著代表不死鳥的「immortelle」和永恆生命之意的「everlasting」等別名。

成分

酮類：促進膽汁分泌、化痰、溶解黏液、溶解脂肪、治癒創傷
義大利酮：消除血腫
酯類：鎮靜、恢復神經平衡、鎮痛、抗痙攣、抗發炎、降低血壓

塗在皮膚上的效果（皮膚吸收途徑）

〈**身體**〉消除靜脈瘤（強化血管壁，改善靜脈炎）。舒緩撞傷瘀青、肌肉痠痛、關節炎。

〈**皮膚**〉臉部收斂、緊緻。修復傷口（富貴手、蟹足腫）。

使用時的注意事項

嬰幼兒、孕婦、哺乳中、神經系統較弱的人（老年人）和癲癇患者請勿使用（234 頁 E、F）

室內擴香之類的效果（嗅覺途徑）

無

使用方法

塗抹皮膚（撞傷、瘀青、關節炎、肌肉痠痛用油或乳液）

護膚（抗老化、改善富貴手、修復傷口用乳液）

適用

成人　老年人（一部分可使用）

調性

中調

帶點苦味，同時會令人聯想到香甜蜂蜜，沉穩又具有特徵的香氣。

適合搭配薰衣草和柑橘調的精油。

配方

內出血造成的瘀青、傷疤（137 頁）

鎮靜	調整	滋補
3.5	0.5★	4.5

★消除血腫

[19. 芳樟木]

平緩又溫和地提高免疫力的
亞洲樹木

學名	Cinnamomum camphora CT linalool 有時候從芳樟的木質部萃取的精油稱為芳樟木精油，從葉子萃取的精油稱為芳樟葉精油。「CT」是「化學型」的意思。 Cinnamomum camphora CT linalool 芳樟，生長於亞洲（中國、日本） Cinnamomum camphora CT camphor 樟樹，生長於亞洲（中國、日本） Cinnamomum camphora CT cineole 桉油樟（羅文莎葉）（生長於馬達加斯加）
水蒸氣蒸餾部位	木質部
主要產地	中國

植物介紹

　　樟樹是高 30 公尺的常綠喬木。從樹枝和樹幹取得的無色結晶可製成樟腦，作為防蟲劑相當有名，另外也被用來製造強心藥。芳樟是樟樹的變種，主要種植在日本南九州。芳樟採不到樟腦，通常被用來製作香精。

　　寺廟周圍和公園經常會種植樟樹，越往南方會看到越多。因為具有防蟲效果，所以樟樹也常被用來製作五斗櫃等家具。桉油樟請參考 212 頁。

成分

單萜醇類：廣泛的抗感染（抗菌、抗病毒、抗真菌）、調節免疫力、滋補神經

沉香醇：抗焦慮、鎮靜、降血壓

塗在皮膚上的效果（皮膚吸收途徑）

〈**心理**〉用於嚴重不安或抑鬱狀態時（壓力、沮喪、悲傷、產後憂鬱）。

〈**身體**〉防治傳染病，提高免疫力。

〈**皮膚**〉適合日常肌膚保養、防治皮膚傳染病。

使用時的注意事項

芳樟木與桉油樟無注意事項。但是樟樹類（例如日本產樟樹精油）含有高濃度的酮類，所以兒童、孕婦、老年人和癲癇患者請勿使用（234 頁 E、F）。

室內擴香之類的效果（嗅覺途徑）

感受到強烈不安或沮喪的時候，清爽的香氣會溫柔地給予力量。也能防治傳染病（抗病毒作用／單萜烯類）。

使用方法

室內擴香（防治傳染病、感到不安、沮喪或壓力大時）

塗抹皮膚（防治傳染病、提高免疫力、不安或沮喪照護用油、乳液或凝膠）

護膚（日常肌膚保養、防治香港腳等傳染病）

適用

成人　老年人　兒童　孕婦

調性

前調

清新香甜又溫和的沉香醇的香氣。適合搭配香草調和花香調香氣的精油。

配方

感冒（預防）（123 頁）

日常肌膚保養（132 頁）

抗老化（132 頁）

鎮靜	調整	滋補
	10	

[20. 馬鬱蘭（甜馬鬱蘭）]

溫暖身體與心靈的教會香藥草

學名	*Origanum majorana* 來自於 Origanum＝山之喜悅和 major＝賦予更長的壽命。
水蒸氣蒸餾部位	花與莖葉
主要產地	埃及、尚比亞

植物介紹

　　原產於地中海，草高 50 公分的唇形科多年生草本植物。在歐洲四處都能看到，如同卡爾佩珀（Nicholas Culpeper，十七世紀英國藥草學家）的記述一樣，「生長在各個庭園內，相當常見。」

　　馬鬱蘭是能夠維持消化系統健康的香藥草植物，從以前就被拿來製作料理。對精神和肉體也有溫暖的作用，可有效地安慰處於孤獨或悲傷中的人。馬鬱蘭也被稱為教會的香藥草，是因為具有抑淫效果，在聖職者選擇永遠單身或喪偶的人前來尋求救贖的時候都會用到。我去參觀英國最古老的其中一個教會時，廚房內一個小小的香藥草田就種著馬鬱蘭。

成分

單萜醇類：廣泛的抗感染（抗菌、抗病毒、抗真菌）、調節免疫力、滋補神經

萜品烯-4-醇：使副交感神經強壯

單萜烯類：去除鬱滯、類皮質類固醇作用、抗發炎、抗菌、抗病毒

塗在皮膚上的效果（皮膚吸收途徑）

〈心理〉治癒孤獨與悲傷、撫慰心靈、幫助休息、消除精神上的疲勞（學名中「喜悅」的由來）。可用在難以入眠或緊張時。溫暖因壓力或不安而冰冷的內心。

〈身體〉消除手腳的冰冷、水腫和肩頸痠痛。緩解失眠、高血壓引起的肩頸痠痛和緊張。改善便祕或胃痛等壓力引起的消化系統問題。

使用時的注意事項

無

室內擴香之類的效果（嗅覺途徑）

防治傳染病。治癒孤獨與悲傷，撫慰心靈。因為能放鬆緊張的情緒，所以能幫助休息並消除精神上的疲勞。

使用方法

室內擴香（消除精神疲勞、悲傷和不安。防治傳染病）
塗抹皮膚（手腳冰冷、水腫和肩頸痠痛照護用油或乳液）
噴霧／香水／滾珠瓶／入浴劑（安眠及放鬆用、緩解緊張用）

適用

成人　老年人　兒童　孕婦

調性

前調
帶有溫暖的香草調香氣。適合搭配香草調（迷迭香）、柑橘類和花朵香氣（橙花、羅馬洋甘菊）的精油。

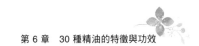

配方

疲勞（104 頁）

鎮靜	調整	滋補
	4.5★	4.5

★使副交感神經佔優勢

[21. 橘子]

帶來如太陽般的祥和，
溫暖的橘子香氣

學名	*Citrus reticulate*
水蒸氣蒸餾部位	果皮
主要產地	義大利、巴西
植物介紹	

　　樹高 15 公尺。原產於中國。名稱來自於西方人稱中國清朝時代的官吏（mandarin）所穿的制服顏色。跟溫州蜜柑是親戚，中藥使用的陳皮就是乾燥的溫州蜜柑果皮，主要用來治療消化不良以及初期的感冒。另外屠蘇酒和七味粉也有用到橘子皮。在美國比較常被稱為「tangerine」。

　　在法國，橘子精油因為作用溫和而有著「小孩子專用的精油」稱號，也常被拿來改善小孩子包含打嗝在內的各種腹部問題。根據「精油形態學」的說法，柑橘類的金黃色果實象徵著「太陽」。就跟毫不保留地將光芒和能量灑落大地上的太陽一樣，會給予人們生命的喜悅，並提供生存的力量。

成分

單萜烯類（柑橘）：去除鬱滯、抗發炎、抗菌、抗病毒、促進消化
鄰氨基苯甲酸甲酯：類血清素作用
右旋檸檬烯：活化消化系統、去除油汙。

塗在皮膚上的效果（皮膚吸收途徑）

〈**心理**〉使人安心、冷靜。可用在難以入眠的時候。

〈**身體**〉改善便祕、消化不良等消化系統的問題。

〈**皮膚**〉可用於卸妝。改善面皰肌。預防妊娠紋（從懷孕五個月開始每天使用濃度 1%的按摩油按摩腹部）。

〈**其他**〉清潔廚房等處的油汙。

使用時的注意事項

氧化速度很快，開封後請在半年內用完。如果要加進浴缸內，請務必使用酒精或無香料入浴劑之類的乳化劑。

室內擴香之類的效果（嗅覺途徑）

使人安心、冷靜。可用在入睡前。防治傳染病。

使用方法

室內擴香（緩解不安、失眠、急躁和興奮。適合置於寢室、客廳、玄關及店門口櫃台）

塗抹皮膚（緩解不安及壓力、改善便祕及消化不良。可做成按摩油或乳液）

香水／噴霧／滾珠瓶／入浴劑（不安、失眠、憤怒和興奮時）

護膚（改善面皰肌、預防妊娠紋）

適用

成人　老年人　兒童　孕婦

調性

前調

令人感受到甜蜜與溫暖的柑橘香氣。適合搭配柑橘類、花朵類和香草調的精油。

配方

煩躁（101 頁）

便祕（97 頁）

失眠（102、118 頁）

疲勞（104 頁）

經前症候群（110 頁）

經血難聞的味道（113 頁）

早發性更年期（115 頁）

鎮靜	調整	滋補
★		9

★血清素

[22. 澳洲尤加利]

對抗傳染病不可或缺！
直通鼻腔清爽舒暢的香氣

學名	*Eucalyptus radiata* 屬名是 eu（妥善）+kalyptos（蓋住）的意思，花苞和花萼呈現如蓋子的形狀。
水蒸氣蒸餾部位	葉子
主要產地	澳洲

植物介紹

在 500 種以上的尤加利當中最安全的尤加利。是澳洲原住民用來治療傳染病和熱病的藥。

尤加利樹的根會吸收非常多的水分，所以在北非濕度較高的地區，為了防止蚊蟲孳生和瘧疾疫情擴大，會種植很多尤加利樹。

葉子含有豐富的精油成分，被尤加利樹覆蓋的山遠看會呈現藍色，被稱為「藍山」。雖然澳洲的氣候十分乾燥，但是這些大量的油脂也是引發森林大火的原因之一。雖然葉片中的 1,8 桉油醇會抑制種子發芽（學名的由來），不過葉片因火災被燒掉後，抑制作用就會失效，讓種子發芽。被大火燒得一片荒蕪的山地上，立刻就會有尤加利種子發芽，所以整片土地都會被尤加利樹佔據。

成分

氧化物類：抗黏膜炎、調節免疫力、抗菌、抗病毒、排痰
單萜醇類：廣泛的抗感染（抗菌、抗病毒、抗真菌）、調節免疫力、滋補神經

塗在皮膚上的效果（皮膚吸收途徑）

〈**身體**〉改善感冒、花粉症、鼻塞和咳嗽等呼吸系統問題。預防呼吸系統傳染病。

使用時的注意事項

無

室內擴香之類的效果（嗅覺途徑）

防治呼吸系統傳染病。可用於花粉症季節。

使用方法

室內擴香（公共場所、老人院、等待室或室內。防治呼吸系統傳染病）

塗抹皮膚（改善鼻塞、喉嚨痛、咳嗽、感冒和花粉症等過敏用油或凝膠）

適用

成人　老年人　兒童

調性

前調
直通鼻腔的清爽香草調香氣。
適合搭配香草調（迷迭香、桉油樟和薰衣草）精油。

配方

過敏引起的搔癢（91、124 頁）

咳嗽、氣喘（93 頁）

感冒（預防）（123 頁）

感冒的各種症狀（126 頁）

花粉症（91、124 頁）

鎮靜	調整	滋補
	8	

［ 23. 檸檬尤加利 ］

主動引起自燃，
藉此保護自己（抑制發炎、疼痛）的尤加利樹

學名	*Eucalyptus citriodora*
水蒸氣蒸餾部位	葉子
主要產地	澳洲

植物介紹

　　原產於澳洲，雖然尤加利樹通常會在山丘上或山林中看到，不過檸檬尤加利廣泛生長於其他的地形區域。桃金孃科，高度約 20 公尺左右的樹木。從以前就主要被用來驅蚊。因為具有鎮痛和消炎作用，所以也會被添加在消毒劑當中。葉片會被用來幫助傷口癒合，或是替水泡或燒燙傷消毒。在法國大家熟知的則是「解熱樹」這個別名。

　　檸檬尤加利的精油能夠平息怒氣和興奮的情緒，還可以提振精神。會吸收大量水分的尤加利樹，如果用「精油形態學（植物的各部位代表著人體同部位的特性之學說）」來說明的話，能夠淨化消極陰鬱（陰溼）的心情，使人變得平靜且樂觀積極。

成分

萜烯醛類：強效抗發炎、鎮靜、鎮痛作用、抗真菌作用、促進消化、除臭

香茅醛：驅趕蚊蟲、鎮痛

塗在皮膚上的效果（皮膚吸收途徑）

〈**身體**〉改善關節炎、肌腱炎等發炎引起的疼痛。

〈**皮膚**〉驅蚊。防治香港腳和其他傳染病、除臭。

使用時的注意事項

會刺激皮膚。請稀釋後再塗抹（233 頁 B）。

室內擴香之類的效果（嗅覺途徑）

驅蚊。除臭。

使用方法

塗抹皮膚（改善肩頸痠痛、肌肉痠痛、關節炎和肌腱炎用油或乳液）

噴霧（驅蚊、除臭）

護膚（消炎、驅蚊、消除搔癢感、燒燙傷照護。防治香港腳）

適用

成人　老年人　兒童

調性

中調

有強烈檸檬味的刺激性香氣，就算少量使用香氣也很濃郁，因此在跟柑橘類精油混合時請一滴一滴慢慢加入，比較容易掌控香氣的平衡。

跟歐薄荷、茶樹和澳洲尤加利一樣是香草調的香氣。

配方

偏頭痛（**90 頁**）

鎮靜	調整	滋補
8	★	

★鎮痛

[24. 桉油樟]

被稱為萬能葉，
提高免疫力的強大幫手

學名	*Cinnamomum camphora CT cineole* 馬達加斯加語的「Ravintsara」是「萬能的葉子」的意思。
水蒸氣蒸餾部位	帶葉細枝
主要產地	馬達加斯加

植物介紹

　　被移植到馬達加斯加島的中國產樟樹，樹高 15 公尺常綠喬木植物。生長於馬達加斯加島大陸中心高地的潮濕熱帶雨林。跟芳樟木學名相同的化學型。CT 是化學型的意思。芳樟木（P.198）生長在亞洲（中國、日本），但桉油樟生長在馬達加斯加，所以含有的成分差異相當大。因為原本的名稱容易與芳香羅文莎葉（*Ravensara aromatica*）混淆，所以於 1998 年改名為「Ravintsara」（中文正名為桉油樟）並更正了學名。日本的樟樹有防蟲與強心的效果也有使用的禁忌，但桉油樟因為生長在熱帶雨林中所以成分跟樟樹不同。桉油樟能夠提高免疫力、治癒身心的疲勞和幫助入眠，是任何人都能使用的精油。

注意　編輯提醒：桉油樟和芳香羅文莎葉兩者成分不同，但經常混為一談，購買時應多留意學名標示

成分

氧化物類：抗黏膜炎、調節免疫力、抗菌、抗病毒、排痰
單萜醇類：廣泛的抗感染（抗菌、抗病毒、抗真菌）、調節免疫力、滋補神經
α-松油醇：誘眠
單萜烯類：去除鬱滯、類皮質類固醇作用、抗發炎、抗菌、抗病毒

塗在皮膚上的效果（皮膚吸收途徑）

〈**心理**〉緩解壓力造成的內心不安、沮喪、身心不適和失眠。

〈**身體**〉提高免疫力、改善呼吸系統問題。消除雙腳疲勞和肩頸痠痛。

使用時的注意事項

無

室內擴香之類的效果（嗅覺途徑）

防治呼吸系統的傳染病。使心情平靜，幫助入眠。

使用方法

室內擴香（防治傳染病、用於寢室）

塗抹皮膚（防治傳染病、提高免疫力、咳嗽、感冒、水腫和肩頸痠痛照護用油或乳液）

噴霧、入浴劑（助眠、防治傳染病）

適用

成人　老年人　兒童

調性

前調

香草調的香氣（如同薰衣草、迷迭香和尤加利）。適合搭配香氣輕快又清爽的精油。

配方

花粉症、過敏引起的搔癢（91、124 頁）

咳嗽（93 頁）

疲勞（104 頁）

經前症候群（110 頁）

失眠（118 頁）

感冒（預防）（123 頁）

感冒的各種症狀（126 頁）

鎮靜	調整	滋補
	6.5	3

[25. 真正薰衣草]

放鬆的代表性精油，
能讓內心平靜的萬用精油

學名	*Lavandula angustifolia* （*Lavandula officinalis*、*Lavandula vera*） 屬名「Lavandula」語源來自於「Lavo 或 Lavare」是「清洗」 的意思（古代人會使用薰衣草來清洗傷口）。
水蒸氣蒸餾部位	花穗
主要產地	法國
植物介紹	

　　原產於地中海的山岳地帶。生長於海拔 700～1400 公尺的高地，在歐洲全境內都會開花。位於南法的上普羅旺斯阿爾卑斯省的薰衣草田特別有名。從古希臘、古羅馬的時代，薰衣草就被用來製作恢復年輕與活力的入浴劑、洗衣服的芳香原料和防蟲劑。

　　薰衣草具有鎮靜、鎮痛、誘眠和抗憂鬱等廣泛的功效，所以被稱為萬用精油，而其中最強大的功效就是能讓身心回到平衡的狀態。另外，使傷口癒合的效果也廣為人知。最早提出芳香療法（Aromatherapy）這個名詞，被譽為現代芳療之父的蓋特福斯（René Maurice Gattefossé），在做實驗時出意外而灼傷住院後，將薰衣草精油塗在疼痛的傷口上，得到了驚人的治療效果，因此便決定開始研究精油。法國軍醫尚瓦涅（Jean Valnet），在戰爭時期碰到藥物不足的時候，也使用了薰衣草精油來治療嚴重燒傷和作戰受傷的士兵。

成分

酯類：鎮靜、恢復神經平衡、鎮痛、抗痙攣、抗發炎、降低血壓
單萜醇類：廣泛的抗感染（抗菌、抗病毒、抗真菌）、調節免疫
力、滋補神經

塗在皮膚上的效果（皮膚吸收途徑）

〈心理〉適合想要清洗掉憂鬱的感情，重新構築自己人格的時候。
消除煩躁感和怒氣、使人冷靜。可用在難以入眠的時候。

〈身體〉舒緩肩頸痠痛、肌肉痠痛、生理痛。使血壓恢復正常。

〈皮膚〉日常肌膚保養、改善富貴手及燒燙傷、修復傷口。可用於
香港腳等感染的皮膚、蚊蟲叮咬或搔癢肌。

使用時的注意事項

無

室內擴香之類的效果（嗅覺途徑）

放鬆、抑制交感神經。

使用方法

室內擴香／噴霧／香水／滾珠瓶（心情緊張或無法冷靜時。幫助入
眠。煩躁或興奮時。）

塗抹皮膚（肩頸痠痛、頭痛、生理痛、高血壓、壓力性胃炎、失眠
和經前症候群照護用油或乳液）

護膚（搔癢肌、易發炎肌膚、蚊蟲叮咬造成的搔癢）

適用

成人　老年人　兒童

調性

前調

清爽中帶有溫暖的酸甜花香氣。

適合搭配柑橘類、香草調和辛香料香氣的精油。

配方

肩頸痠痛、頭痛（98 頁）

高血壓（100 頁）

失眠（102 頁）

經前症候群（110 頁）

生理痛（112 頁）

慢性疲勞（[晚上用] 116 頁）

日常肌膚保養（132 頁）

搔癢感（133 頁）

內出血造成的瘀青、傷疤（137 頁）

鎮靜	調整	滋補
4.5	4.5	

[26. 檸檬]

淨化身心，
鮮明又清新的檸檬香氣

學名	*Citrus limon*
水蒸氣蒸餾部位	果皮
主要產地	義大利、巴西
植物介紹	

　　原產地印度北部（喜馬拉雅山）自然生長的檸檬樹。芸香科，樹高 3～6 公尺的常綠灌木植物。檸檬自古以來就廣泛被利用，古代人曾使用檸檬果皮給衣物增添香氣和驅蟲。檸檬受到注目是在 12 世紀被阿拉伯人帶進西班牙，又被十字軍帶進歐洲的時候。哥倫布為了預防壞血病，將檸檬帶到船上並傳到了美洲。

　　根據「精油形態學」的說法，柑橘類的金黃色果實象徵著「太陽」。就跟毫不保留地將光芒和能量灑到大地上的太陽一樣，會給予人們生命的喜悅，並提供生存的力量。

成分

單萜烯類（柑橘）：去除鬱滯、抗發炎、抗菌、抗病毒、促進消化
右旋檸檬烯：活化消化系統、去除油汙（在香精業界，檸檬烯被用來當作去除機械油汙的清潔油）。
γ-萜品烯（γ-Terpinene）：去除鬱滯

塗在皮膚上的效果（皮膚吸收途徑）

〈心理〉提振精神、提高並強化專注力。

〈**身體**〉改善手腳冰冷、水腫和靜脈瘤。淨化血液。改善便祕、消化不良和消化系統的問題。適用於代謝症候群或生活習慣病的時候。

〈**皮膚**〉夜晚肌膚保養（黑斑、面皰）。消除疣、膿包和疱疹。

使用時的注意事項

塗抹皮膚後，4～5 小時內請避免直接曬到太陽（233 頁 C）。

氧化速度很快，開封後請在半年內用完。如果要加進浴缸內，請務必使用 80 度以上的酒精或無香料入浴劑之類的乳化劑。

室內擴香之類的效果（嗅覺途徑）

淨化房間、防治呼吸系統的傳染病。可用於工作室或念書的房間（提高專注力）。預防反胃（暈車、孕吐等）。提高食慾（例如因為夏日倦怠而沒食慾的時候）。

使用方法

室內擴香（防治傳染病、提振精神、提高專注力、防止反胃及暈車）

塗抹皮膚 [夜用]（手腳冰冷、水腫、便祕、消化不良、靜脈瘤、代謝症候群和生活習慣病照護用油或乳液）

香水／噴霧／滾珠瓶 [夜用]（提高專注力、提振精神）

入浴劑 [夜用]（防治傳染病、提振精神）

護膚 [夜用]（改善面皰、黑斑、疣、膿包和疱疹）

適用

成人　老年人　兒童

調性

前調

新鮮輕盈又令人感覺到酸甜的香氣。柑橘類精油都很清爽但容易揮發，因此在調配時必須多加一點，否則容易因揮發導致香氣不明顯。

配方

手腳冰冷、水腫（87 頁）

嚴重手腳冰冷（88 頁）

倦怠感（88 頁）

感冒（預防）（123 頁）

鎮靜	調整	滋補
		10

［27. 檸檬草］

緩和疼痛及搔癢；
促進血液循環，改善手腳冰冷、水腫和肩頸痠痛

學名	*Cymbopogon citratus* citratus 是柑橘類的意思。如同「散發著檸檬香氣的草」這名字一樣，檸檬草不屬於柑橘類，而是禾本科的多年生草本植物。
水蒸氣蒸餾部位	全草
主要產地	中國、爪哇

植物介紹

　　原產於印度。印度傳統醫學阿育吠陀將檸檬草當作「冷卻降溫的香藥草」，用來解熱和消炎。檸檬草被廣泛種植在亞洲熱帶地區。在亞洲除了解熱之外，也被用來替世界三大湯品之一的「冬陰功」增添香氣。有著像檸檬般清爽的香氣，也會被用來當作促進消化的香藥草。另外，因為據說蛇討厭檸檬草的味道，所以某些地區有在庭院裡種植檸檬草來驅趕蛇的傳統。

　　檸檬草精油能夠使興奮的頭腦靜下來、取回冷靜、釋放緊張的情緒、讓人拓展視野去思考，並且藉由像檸檬般清爽的香氣來提振精神，因此能夠幫助提高專注力。

成分

萜烯醛類：鎮靜、鎮痛、促進消化、除臭、抗真菌
檸檬醛 ：抗組織胺

塗在皮膚上的效果（皮膚吸收途徑）

　〈心理〉讓心情平靜下來。

〈**身體**〉改善消化不良、便祕、血液循環不良造成的手腳冰冷或水腫、肩頸痠痛、腰痛和肌肉痠痛、關節炎等發炎引起的疼痛。

〈**皮膚**〉改善香港腳等皮膚疾病。緩和蚊蟲叮咬等原因造成的皮膚搔癢。消除討厭的汗臭味或腳臭味、一般除臭。

使用時的注意事項

會刺激皮膚，請稀釋後再使用。可能會造成眼壓上升，因此青光眼患者請避免經常使用檸檬草精油（包含飲用含有檸檬草的香藥草茶）。原則上，精油不能拿來飲用以及使用在眼睛上（233 頁 B）。

室內擴香之類的效果（嗅覺途徑）

除臭。緩解過敏症狀（改善花粉症引起的眼睛癢、鼻塞）。

使用方法

室內擴香（鎮靜、除臭、緩解過敏症狀）

塗抹皮膚（改善手腳冰冷、水腫、肩頸痠痛、關節炎、香港腳和腳臭味用油或乳液）

噴霧（適用在廁所、玄關、鞋子、鞋櫃）

護膚（改善搔癢肌、除臭防臭）

適用

成人　老年人　兒童（請充分稀釋）

調性

前調

像檸檬一樣的強烈香草調香氣。就算少量使用香氣也很濃郁，因此在跟柑橘類精油混合時，請一滴一滴加入，比較容易掌控香氣的平衡。適合搭配香草調和柑橘類香氣的精油。

配方

過敏引起的搔癢（91、124 頁）

便祕（97 頁）

經血難聞的味道（113 頁）

肩頸痠痛、頭痛（98 頁）

花粉症（91、124 頁）

蕁麻疹（135 頁）

鎮靜	調整	滋補
8	1	0.5

[28. 玫瑰（奧圖玫瑰）]

女人味與奢華感都是第一名的花之女王

學名	*Rosa damascena* 使用水蒸氣蒸餾法取得的精油為奧圖玫瑰精油。使用有機溶劑萃取法取得的精油為玫瑰原精。使用有機溶劑萃取法取得的原精可能會殘留具毒性的石油溶劑，因此建議停留在當作香水等享受香氣的階段就好。
水蒸氣蒸餾部位	花
主要產地	保加利亞、土耳其、伊朗

植物介紹

　　薔薇科，樹高 2 公尺。最古老的植物之一，存在著上萬種的品種。每年都會培育出新品種，長時間受到人類的喜愛。希臘的女性詩人莎芙（Sappho）稱玫瑰為「花之女王」，在芳療界則是稱為「香氣女王」。曾被奉獻給希臘代表愛、美與豐饒的女神阿芙蘿黛蒂。玫瑰也是有名的催情劑，古羅馬人會在新婚的新床上灑滿玫瑰花瓣。

　　含有會讓子宮收縮的牻牛兒醇，對於婦科類的問題和「女性」的特質引起的情緒問題特別有幫助。對於月經不順、產後憂鬱以及無法接受性徵成熟的自己的狀況（會成為厭食症等疾病的原因）也有改善效果。

成分

單萜醇類：廣泛的抗感染（抗菌、抗病毒、抗真菌）、調節免疫力、滋補神經

牻牛兒醇：收斂、恢復皮膚彈性、收縮子宮

塗在皮膚上的效果（皮膚吸收途徑）

〈**心理**〉改善產後憂鬱、經前症候群和更年期情緒不穩定等女性情感方面的問題。帶來強烈幸福感、撫慰心靈、使人振作起來。

〈**身體**〉維持女性荷爾蒙平衡。

〈**皮膚**〉含有能夠讓鬆弛的肌膚恢復緊緻的牻牛兒醇，因此也可用來抗老化。

使用時的注意事項

無

室內擴香之類的效果（嗅覺途徑）

撫慰心靈、讓人振作起來的花香。玫瑰的慈愛力量具有治癒心靈的作用。

香甜的玫瑰香氣在傳統上象徵愛情，並且會作用在代表「無條件的愛」的心輪上。使人去愛、信任自己並接受自己。也可用在內心疲累、不知道自己想要什麼的時候。

使用方法

噴霧／香水／滾珠瓶（消除沮喪或憂鬱。想增加女人味的時候）
護膚（抗老化。改善搔癢肌和肌膚鬆弛）

適用

成人　老年人　孕婦△（懷孕初期請避免使用）

調性

中調
甜美又奢華的花香氣。

適合搭配所有香氣的精油（花朵、香藥草、柑橘、樹木和樹脂等所有精油）

配方

抗老化（132 頁）

鎮靜	調整	滋補
	6.5	

[29. 迷迭香]

使頭腦與內心清晰，提高專注力，
「記憶」的象徵

學名	Rosmarinus officinalis Rosmarinus officinalis CT cineole 桉油醇迷迭香 Rosmarinus officinalis CT campher 樟腦迷迭香 Rosmarinus officinalis CT verbenone 馬鞭草酮迷迭香 ros＝露珠，marinus＝海。「海洋之露」這個名稱來自於沿著海岸自然生長的迷迭香藍紫色的花。花語是「記憶」。
水蒸氣蒸餾部位	花與莖葉
主要產地	法國、摩洛哥
植物介紹	

　　原產於地中海。唇形科的常綠喬木植物。迷迭香在古埃及和古希臘都被當成神聖的植物並且備受尊崇。也是傳說中「恢復年輕的化妝水」的主成分。

成分

酮類：促進膽汁分泌、化痰、溶解黏液、溶解脂肪、治癒創傷
樟腦（Camphor）：鬆弛肌肉。
馬鞭草酮（Verbenone）：刺激肝臟
單萜烯類：去除鬱滯、類皮質類固醇作用、抗發炎、抗菌、抗病毒
氧化物類：抗黏膜炎、調節免疫力、抗菌、抗病毒、排痰

塗在皮膚上的效果（皮膚吸收途徑）

〈心理〉刺激中樞神經、提高專注力、可用於早上起床。

〈身體〉·樟腦迷迭香：改善肩頸痠痛、肌肉痠痛和關節痛。

·桉油醇迷迭香：防治呼吸系統的傳染病。

·馬鞭草酮迷迭香：強化肝臟、調整荷爾蒙的平衡。

〈皮膚〉改善油性肌膚和易發炎肌膚。

使用時的注意事項

嬰幼兒、孕婦、哺乳中、神經系統較弱的人、老年人和癲癇患者請勿使用（234 頁 E）。

室內擴香之類的效果（嗅覺途徑）

刺激中樞神經、提高專注力、可用於早上起床。提振精神。使心情變得開朗樂觀。提升記憶力。

使用方法

室內擴香／噴霧（防治傳染病、提高專注力、提振精神）

塗抹皮膚（[樟腦迷迭香] 肩頸痠痛、肌肉痠痛用油或乳液。[桉油醇迷迭香] 防治傳染病、鼻塞用凝膠。[馬鞭草酮迷迭香] 調整荷爾蒙、排毒用油或乳液）

護膚（改善油性肌膚和易發炎肌膚、[馬鞭草酮迷迭香] 抗老化）

適用

成人　老年人（只限擴香）

調性

中調

清爽又具有刺激性的香草香氣。

適合搭配柑橘類和香草調的精油。

配方

· 桉油醇迷迭香：

　倦怠感（88 頁）

　過敏引起的搔癢（124、133 頁）

　咳嗽、氣喘（93 頁）

　感冒的各種症狀（126 頁）

　花粉症（91、124 頁）

· 馬鞭草酮迷迭香：

　早發性更年期（115 頁）

　熱潮紅（113 頁）

　內出血造成的瘀青、傷疤（137 頁）

	鎮靜	調整	滋補
樟腦迷迭香		4.5	4.5
桉油醇迷迭香		6.5	3
馬鞭草酮迷迭香	1.5	3	5.5

[30. 月桂]

有著清新芳香的榮耀與睿智的象徵

學名	*Laurus nobilis*
水蒸氣蒸餾部位	葉子
主要產地	摩洛哥、法國、斯洛維尼亞

植物介紹

　　日文名為月桂樹。法文名為 laurier，英文名為 laurel bay leaf。原產於西亞和地中海，樹高 10 公尺的樟科常綠樹。五月會開出奶油色的小花。從古希臘時代就是榮耀、睿智和勝利的象徵，在希臘神話中，月桂樹是代表掌管文化與藝術的太陽神阿波羅的樹。使用月桂樹的帶葉嫩枝編織而成的「月桂冠」被拿來贈與給優秀的詩人與文化人。諾貝爾獎得主稱為「Nobel Laureates＝帶上諾貝爾月桂冠之人」（附帶一提，運動比賽獲勝的人則是被贈與橄欖桂冠）。在接收阿波羅神諭的場所，神殿的巫女們會焚燒月桂樹，並且在枕頭下放置月桂樹的葉子，當作獲得預言的儀式，人們長年以來都相信這樣能做預知夢。最近月桂也常被種植在房屋玄關處，當作抵擋雷擊、魔物和疾病的守護香草植物。

成分

氧化物類：抗黏膜炎、調節免疫力、抗菌、抗病毒、排痰
單萜烯類：去除鬱滯、類皮質類固醇作用、抗發炎、抗菌、抗病毒
對傘花烴：鎮痛
酯類：鎮靜、恢復神經平衡、鎮痛、抗痙攣、抗發炎、降低血壓

塗在皮膚上的效果（皮膚吸收途徑）

〈**心理**〉滋補神經系統。給予精力和自信。

〈**身體**〉改善關節炎、神經痛和呼吸系統的問題。

〈**皮膚**〉修復傷口（燒燙傷、蟹足腫、傷口）。

使用時的注意事項

有過敏體質的人請務必先進行貼布測試再塗抹在皮膚上。

室內擴香之類的效果（嗅覺途徑）

獲得安心感，避免被緊張或壓力擊垮。提高精力和專注力。

使用方法

室內擴香／噴霧（防治傳染病、消除大考前等時刻的緊張、提高精力和專注力、可用於念書的房間中）

塗抹皮膚（防治傳染病、改善咳嗽和氣喘、關節炎、神經痛和風濕病用油或乳液）

護膚（傷口、傷疤、燒燙傷照護用油或乳液）

適用

成人　老年人　兒童

調性

前調

清爽又辛辣的香氣。適合搭配香草調（尤加利等）和針葉樹類的精油。

配方

倦怠感（88 頁）

時差、生理時鐘失調（105 頁）

花粉症（124 頁）

鎮靜	調整	滋補
1	5.5	2.5★

★鎮痛

・關於禁忌・

　　這部份會跟著成分一起介紹。如果使用時不遵守禁忌事項，可能會對身體造成危害。在書中看到禁忌事項時，請務必閱讀這個部分。

〈皮膚〉

　　A　會對皮膚造成強烈刺激，請充分稀釋後再塗抹在皮膚上。皮膚敏感的人和兒童請勿使用。

酚類（50 頁）　芳香醛類（52 頁）

精油名稱：丁香、中國肉桂

　　B　會刺激皮膚，請稀釋後再使用。

苯甲醚類（71 頁）　萜烯醛類（73 頁）

精油名稱：羅勒、檸檬草、檸檬尤加利

　　C　容易吸收紫外線，具有光毒性。塗抹皮膚後 4～5 小時內請避免直接曬到太陽。

呋喃香豆素類（Furanocoumarins）

精油名稱：檸檬

　　注意　壓榨果皮取得的精油，基本上都含有呋喃香豆素類，其他代表的精油還有佛手柑、萊姆（甜橙、橘子除外）。

〈身體〉

D 女性荷爾蒙相關疾病患者（子宮肌瘤、乳癌等）以及孕婦請勿使用。

倍半萜醇類（60頁）、雙萜醇類（62頁）

精油名稱：絲柏、快樂鼠尾草

E 神經毒性

嬰幼兒、孕婦、哺乳中、神經系統較弱的人、老年人和癲癇患者請勿使用。

酮類（69頁）

精油名稱：歐薄荷、樟腦迷迭香、馬鞭草酮迷迭香、永久花（蠟菊）

F 孕婦請勿使用。

精油名稱：丁香、中國肉桂、歐薄荷、樟腦迷迭香、馬鞭草酮迷迭香、永久花（蠟菊）、絲柏、快樂鼠尾草

後記

給予心靈和身體自然的力量

執行芳療過程中不可或缺的精油，說起來就像是家庭急救箱一樣的存在。

一位生理痛痛到每個月都吃止痛藥的女性，使用了真正薰衣草精油之後就停止用藥了。有一位母親的孩子曾經得過膿痂疹，我推薦了茶樹純露給她，並請她每當孩子洗完澡後就把這個純露當作身體乳液塗在孩子身上，後來聽說那一整年膿痂疹一次都沒有發作過（精油對於小學以下的幼童而言刺激性太強，因此建議使用濃度極低的純露）。

精油是為了自己與家人存在的「具有照護力的工具」。

理所當然地，精油也能對心理、精神產生作用。我有一位客戶因為恐慌症無法搭電車，我請他在家裡使用能讓人放鬆、他也喜歡的依蘭精油和真正薰衣草精油來擴香享受香氣，並且在搭電車前將這些精油當成護身香水擦在身上，後來他就能夠順利地搭電車了。同樣地，也有客戶能在快要過度換氣的時候，巧妙地使用精油來舒緩。

另外，我也會請客戶使用精油來緩和發展障礙的症狀。一位有發展障礙孩子的母親跟我說「我想讓他睡午覺，但是他四處跑來跑去怎樣都不肯睡。」我請她將我在失眠的配方中也介紹過的羅馬洋甘菊、橘子和苦橙葉精油調配成芳香噴霧噴在室內後，過沒多久這位母親就向我回報

說原本一直跑來跑去的孩子現在中午都能夠熟睡了。那之後，這款精油也深受其他有著相同煩惱母親們的好評，不少客戶都會回購。

一位剛開始學習芳療的學生告訴我「最近，我走在平常通勤的路上，突然聞到茉莉花的香氣，看了一下四周就找到茉莉花了。啊，就是這株茉莉在飄香啊，學習芳療後我才注意到。」我很常聽到學生說，平時很忙所以每條路都只是快速走過，但是聞過香氣，知道花的名稱後，在路上能夠感受到季節變換，不經意抬頭看的次數也增加了非常多。

「我以前對香藥草完全沒有興趣，不過自從有次喝了新鮮香藥草泡的茶覺得好好喝，之後我便開始種植香藥草苗，跟老公一起泡香藥草茶來喝的時候真的很開心。」聽到這些話讓我內心相當感激。

學習芳療這 20 年，學到會思考「所謂的健康是什麼狀態呢？」的「健康素養」或許是我人生中最棒的財產。

一點一點地增加親近自然的生活模式，而自然也會讓人想起「我原本到底想做什麼？」或是「對我而言什麼才是幸福呢？」或是給予察覺的契機。

我自己一邊以芳療師的身分活動，一邊學習各種手法和其他治療法的時候，也曾因為同時接觸各式各樣的事情而迷失了方向。

不過，只要對精油的力量抱持信任感，就能堅信使用精油的力量與溫柔的碰觸手法將會得到好的結果，並且能帶著自信進行精油按摩。

因為存在於這當中的不只是單純的溫柔碰觸而已，還有「植物的力量」。

雖然在精油按摩以外還有其他各種療法，不過精油按摩並不像諮商一樣只有芳療師與個案一對一的關係。

精油按摩的參與者除了芳療師與個案之外，還有「植物」。

我認為芳療師就像是橋梁的角色，實際上在治癒人的其實是「植物的力量」。

就是因為精油按摩不單純只是仰賴一個人藉著碰觸來治癒另一個人的技術，所以芳療師才能放心地依靠「植物的治癒能力」。

植物的力量也能直接稱為自然的力量。

我們的生活很忙碌，很容易就會過著只對義務和責任產生「反應」的日子。「截止日快要到了，所以必須做。」在整天像這樣機械式地做出「反應」時，能讓人返回自己初心的，我認為就是「自然的力量」。

最後，我要介紹日本代表性的植物學者牧野富太郎先生說過的一段話。

「在人的一生中，沒有比親近自然更有助益的事情了。因為人類本來就是大自然的一份子，我認為只有融入自然，才能夠感受到活著的喜悅。」

Aroma　Time　川口三枝子

〈参考文献〉

　　『ケモタイプ精油事典　Ver.8』（ナード・ジャパン）

　　『生きる力』　井上重治著（フレングランスジャーナル社）

　　『抗菌アロマテラピーへの招待』　井上重治、安部茂著（フレグ
ランスジャーナル社）

　　『薬草の散歩道　薬になる野の花・庭の花１００種』　指田豊著
（日本放送出版協会）

　　『微生物と香り』　井上重治著（フレングランスジャーナル社）

　　『サイエンスの目で見るハーブウォーターの世界』　井上重治著
（フレグランスジャーナル社）

　　『手の治癒力』　山口創著(草思社)

　　『「ポリヴェーガル理論」を読む』　津田真人著（星和書店）

症狀類別筆劃索引

國家圖書館出版品預行編目(CIP)資料

一看就懂！馬上就能運用的精油化學：了解成分與作用，
搭配科學芳療挑選精油和配方，有效改善各種身心症狀
／川口三枝子著；蘇珽詡翻譯. -- 初版. -- 新北市：大樹
林, 2021.07
　　面；　公分.--（自然生活；51）

　ISBN 978-986-06007-6-6（平裝）

　1.香精油　2.化學　3.芳香療法
346.71　　　　　　　　　　　　　　　　　110007391

自然生活 51

一看就懂！馬上就能運用的精油化學

：了解成分與作用，搭配科學芳療挑選精油和配方，
有效改善各種身心症狀

作　　者／川口三枝子
翻　　譯／蘇珽詡
編　　輯／王偉婷
排　　版／菩薩蠻電腦科技有限公司
封面設計／比比司設計工作室
校　　對／12 舟

出 版 者／大樹林出版社
營業地址／235 新北市中和區中山路二段 530 號 6 樓之 1
通訊地址／235 新北市中和區中正路 872 號 6 樓之 2
電　　話／(02) 2222-7270　　　傳　　真／(02) 2222-1270
網　　站／www.gwclass.com
E - m a i l／notime.chung@msa.hinet.net
FB粉絲團／www.facebook.com/bigtreebook

總 經 銷／知遠文化事業有限公司
地　　址／222 深坑區北深路三段 155 巷 25 號 5 樓
電　　話／(02) 2664-8800　　　傳　　真／(02) 26648801
本版印刷／2023年2月

SUGU TSUKAERU AROMA NO KAGAKU ～JIRITSUSHINKEIKEI, HORUMONKEI, MENEKIKEI
NO FUCHO O KAIZEN!～by Mieko Kawaguchi
Copyright © Mieko Kawaguchi, 2020
All rights reserved.
Original Japanese edition published by BAB JAPAN CO., LTD.
Traditional Chinese translation copyright © 2021 by BIG FOREST PUBLISHING CO., LTD.
This Traditional Chinese edition published by arrangement with BAB JAPAN CO., LTD.,
Tokyo, through HonnoKizuna, Inc., Tokyo, and KEIO CULTURAL ENTERPRISE CO., LTD.

定價／400 元　　　港幣 134 元　　　ISBN／978-986-06007-6-6